轻松阅读·心理学　崔丽娟 主编

天 使 之 心

儿童心理的形成与发展 | 刘俊升 ◎著

Tianshi Zhi Xin

图书在版编目(CIP)数据

天使之心：儿童心理的形成与发展/刘俊升著.—北京：北京大学出版社，2007.10

(未名·轻松阅读·心理学)

ISBN 978-7-301-12774-2

Ⅰ.天… Ⅱ.刘… Ⅲ.儿童心理学—通俗读物 Ⅳ.B844.1-49

中国版本图书馆 CIP 数据核字(2007)第 149114 号

书　　　　名：	天使之心：儿童心理的形成与发展
著作责任者：	刘俊升　著
策 划 编 辑：	杨书澜
责 任 编 辑：	魏冬峰
标 准 书 号：	ISBN 978-7-301-12774-2/C·0459
出 版 发 行：	北京大学出版社
地　　　　址：	北京市海淀区成府路 205 号　100871
网　　　　址：	http://www.pup.cn　电子信箱：weidf@pup.pku.edu.cn
电　　　　话：	邮购部 62752015　发行部 62750672　编辑部 62752824
	出版部 62754962
印 　刷 　者：	北京大学印刷厂
经 　销 　者：	新华书店
	890 毫米×1240 毫米　A5　7.5 印张　170 千字
	2007 年 10 月第 1 版　2007 年 10 月第 1 次印刷
定　　　　价：	20.00 元

未经许可，不得以任何方式复制或抄袭本书之部分或全部内容。

版权所有，侵权必究

举报电话：(010)62752024　电子信箱：fd@pup.pku.edu.cn

总　序

　　《心理学是什么》（北京大学出版社 2002 年版）一书出版后，每年我都会收到很多读者来信，他们对心理学的热情和想继续学习研究的执著，常常感动着我。2005 年我国心理咨询师从业证书考核工作启动，更是推动了全社会对心理学的关注与投入："心理访谈"、"心灵花园"、"情感热线"等栏目，成为多家电视台的主打节目；心理培训、抗压讲座、团体训练等等，成为各类企业管理中的新型福利之一；商品的广告设计、产品包装的色彩与图案、产品的价格设置等等与消费心理学的联姻，使商家在销售活动中"卖得好更卖得精"……

　　社会对心理学的热情最终推动了学子们对心理学专业学习和选择心理学作为终身职业的热情。读者中有许多都是在校读书的学生，有高中生来信说，正是因为阅读了《心理学是什么》，他最终在高考时选择了心理学专业；有非心理学专业的大学生来信说，因为《心理学是什么》一书，使他们在毕业之际放弃了四年的专业学习，跨专业报考心理学专业的研究生。学生们在来信中不约而同地指出，心理学的蓬勃发展，使今日的心理学有了众多的分支学科，在面对异彩纷呈的心理学研究领域时，该选择心理学中的哪一个分支学科，作为自己一生的研究与追求呢？他们希望能有更进一步阐释心理学各分支学科的书籍，帮助他们在选择前，能了解、把握心理学各分支学科的研究框架和基本内容。所以，当从北京大学出版社杨书澜女士处得到组织写作这套心理学丛书的邀请时，我倍感高兴。可以说，正是读者的热情与执著，最终促成了这套心理学丛书的诞生。

我们知道，心理学，尤其现代心理学，研究内容非常广泛，涉及了社会生活的方方面面。因此，在社会生活的众多领域，我们都可以见到心理学家们活跃的身影。比如，在心理咨询中心、精神卫生中心以及医院的神经科，我们可以看到咨询心理学家或健康心理学家的身影，他们为那些需要帮助的人提供建议，解决他们的心理困惑，帮助来访者健康成长，对那些有比较严重心理疾病的患者，如强迫症、厌食症、抑郁症、焦虑症、广场恐怖症、精神分裂症等，则实施行为矫治或者药物治疗。除了给来访者提供以上帮助之外，他们也做一些研究性工作。在家庭、幼儿园和学校，儿童心理学家、发展心理学家和教育心理学家发挥着重要的作用。儿童心理学家、发展心理学家研究儿童与青少年身心发展的特征，特别是儿童的感知觉、智力、语言、认知及社会性和人格的发展，从而指导教师和家长更好地帮助孩子成长，并给孩子提供学习上、情感上的帮助和支持；教育心理学家研究学生是如何学习，教师应该怎样教学，教师如何才能把知识充分地传授给学生，以及如何针对不同的课程设计不同的授课方式等等。心理学的研究与应用领域很多很多，如军事、工业、经济等等，凡是有人的地方就有心理学的用武之地,可以说,心理学的研究,涵盖了人的各个活动层面,迄今为止,还没有哪一门学科有这么大的研究和应用范围。美国心理学会(APA)的分支机构就有50多个,每个机构都代表着心理学一个特定的研究与应用领域。在本套丛书中,我们首先选取了几门目前在我国心理学高等教育中被认为是心理学基础课程或专业必修课程的心理学分支学科,比如普通心理学、实验心理学、发展心理学、心理测量、人格心理学、教育心理学等。其次,选取了几门目前社会特别需求或特别热门的心理学分支学科,比如咨询心理学、健康心理学、管理心理学、儿童心理学等。我们希望,能在以后的更新和修订中,不断地把新的心理学分支研究领域补充介绍给大家。

本套丛书仍然努力沿袭《心理学是什么》一书的写作风格,即试图从人人熟悉的生活现象入手,用通俗的语言引出相关的心理学分支学科的研究与应用,让读者看得见摸得着,并将该研究领域的心理学原理与自己的内心经验互相印证,使读者在轻松阅读中,把握心理学各分支研究领域的基本框架与精髓。

岁月匆匆,当各个作者终于完成书稿,可以围坐在一起悠然喝杯茶时,大家仍然不能释然,写作期间所感受到的惶然与忐忑,仍然困扰着我们:怎样理解心理学各分支学科?以什么样的方式来叙述各心理学分支学科的理论流派和各种心理现象,以使读者对该分支学科有更为准确的理解和把握?该用什么样的写作体例,并对心理学各分支学科的内容体系进行怎样的合理取舍,对读者了解和理解该分支心理学才是最科学、最方便的?尽管我们在各方面作了努力,但我们仍然不敢说,本套丛书的取舍和阐释是很准确的。正如我在《心理学是什么》一书的前言中写到的:"既然是书,自有体系,人就是一个宇宙，有关人的发现不是用一个体系能够描述的，我们只希望这是读者所见的有关心理学现象和理论介绍的独特体系。"

交流与指正，可以使我们学识长进，人生获益。我们热切地盼望着学界同仁和读者的批评与指教。同时我也要感谢北京大学杨书澜女士和魏冬峰女士的支持与智慧，正是她们敦促了该套丛书的出版，并认真审阅和提供了宝贵的修改意见。

最后我要感谢参与写作这套丛书的所有年轻的心理学工作者们，正是他们辛勤的工作和智慧，才使这些心理学的分支学科有了一个向大众阐释的机会。

崔丽娟
2007 金秋于丽娃河畔

前　言

　　《天使之心：儿童心理的形成与发展》是一本面向普通读者群体的科普读物。其目的是帮助那些没有相关领域专业背景的读者，更好地了解儿童心理学领域的研究成果。本书在撰写的过程中突出科学性与实用性的统一，力求采用轻松而又有生气的笔调介绍儿童心理学领域的相关知识，帮助读者更好地了解儿童心理发展的特点。

　　本书的内容主要由以下几部分组成：

　　1. 绪论。介绍儿童心理学这一学科的发展历史、学科特点、研究方法和理论等方面的内容。

　　2. 儿童生理的发展。着重从儿童的身体发育角度阐述生理对儿童心理发展的影响。关注的重点包括婴幼儿早期的发展以及婴幼儿大脑、身体等方面的发育。

　　3. 语言和认知的发展。阐述儿童感知觉发展的特点、智力的发展规律及影响因素和儿童语言发展的特点等内容。

　　4. 社会性和人格的发展。阐述儿童情绪发展的特点、依恋的形成、人格的形成发展特点以及儿童道德发展等方面的内容。

5. 儿童发展的影响因素。着重阐述家庭在儿童发展中的作用，以及家庭之外同伴、学校等对儿童发展的影响。

为了增加本书的可读性，撰写过程中，在保证内容科学性的前提下，尽量避免使用专业的术语，并提供了适量的信息栏，以解释相关的基本概念和提供必要的背景资料，并在书中增加了大量的图片信息，以增加阅读的趣味性。

目 录

总序 / 001
前言 / 005

第一章 什么是儿童心理学 / 001
第一节 儿童心理学研究什么？/ 003
第二节 儿童心理学从何而来？/ 009
第三节 儿童心理学的研究方法有哪些？/ 016

第二章 "生命的奇迹"
——儿童生理和动作的发展 / 028
第一节 儿童身体发育的特点 / 029
第二节 儿童动作发展的规律 / 036
第三节 哪些因素会影响儿童的生理发展？/ 044

第三章 "从混沌到有序"
——儿童感知觉和认知的发展 / 056
第一节 儿童感观世界发展的奥秘 / 057
第二节 儿童知觉发展的规律 / 063
第三节 儿童如何认识外部世界？/ 066

第四章 从"牙牙学语"到"能说会道"
——儿童语言发展的奥秘 / 079
第一节 婴幼儿是怎样获得语言的？/ 080
第二节 儿童期的语言发展有哪些成就？/ 088
第三节 哪些因素会影响儿童语言的发展？/ 095

第五章 "天才是如何炼成的？"
——儿童智力的发展 / 101
第一节 如何评价儿童的智力？/ 102
第二节 儿童智力发展的轨迹 / 108
第三节 哪些因素会影响儿童智力的发展？/ 113

第六章 "从情绪的奴隶到情绪的主人"
——儿童情绪的发展 / 120
第一节 儿童早期情绪的发展特点 / 121
第二节 儿童几种基本情绪的发展规律 / 127
第三节 儿童常见情绪问题与辅导方法 / 133

第七章 "大卫像的塑成"
——儿童个性的发展 / 140
第一节 个性发展的基石——气质 / 141
第二节 儿童个性发展的规律 / 147
第三节 哪些因素会影响儿童个性的发展？/ 157

第八章 "心灵的装饰过程"
——儿童道德的发展 / 168
第一节 儿童如何认识道德？/ 169
第二节 儿童的攻击行为 / 178

第三节　儿童的亲社会行为 / 186

第九章　"你来我往，共同成长"
　　　　——儿童交往的发展 / 196
　　第一节　儿童与父母的交往 / 197
　　第二节　儿童与同伴的交往 / 204
　　第三节　特殊的交往对象——电视 / 212

参考书目 / 220

第一章 什么是儿童心理学

童年呵！
是梦中的真，
是真中的梦，
是回忆时含泪的微笑。
——冰心《繁星》

儿童天真烂漫、无忧无虑。在很多人眼中，童年都是人生的"黄金时代"，美好而又令人难忘。然而，换个角度，我们真正地去关注儿童，并科学地去了解儿童、认识儿童，还只是近百年来发生的事。其中，儿童心理学学科的建立为人们更好地认识儿童开辟了崭新的窗口。

所谓儿童心理学，顾名思义就是研究儿童心理发生发展规律的心理学分支学科。从大的学科分类上，它隶属于发展心理学的范畴。发展心理学是探讨发生在摇篮与坟墓之间的所有的心理变化。如果你随意拿起一本书名含有"发展"一词的心理学书籍，你会发现该书的大部分内容是关于儿童时期的。的确，发展心理学和儿童心理学在很长一段时间里曾经是一回事。因为人们相信，儿童早期的心理发展会对个体的一生产生不可估量的影响，从某种意义上说儿童是成人之"父"。很多箴言名句都表达了这样的观点：

"童年昭示成年，正如早晨昭示一天。"

——约翰·弥尔顿《失乐园》

"从小看大，三岁看老。"

——中国俗语

"教养儿童,使他走该走的路,当他老时他就不会偏离。"

——《圣经·箴言》

无论你是否赞成这些说法，它们都使得人们相信，早年的岁月塑造了一个人的方方面面。儿童心理学所关心的正是类似的问题。它所要回答的是，儿童的成长发展有着怎样的规律？哪些方面的因素会影响儿童的正常发展？以及如何才能帮助儿童更好的发展？

第一节 儿童心理学研究什么?

儿童是儿童心理学理所当然的研究对象。那么为什么要把儿童单独作为一个特殊的群体加以研究呢?儿童和成人在哪些方面是一样的,在哪些方面又存在截然不同的差异呢?在很多人眼中,儿童较之成人除了个头矮、力气小外,没有大的不同。很多人相信,儿童理解和认识世界的方式与成人相比只有量的差异,没有质的不同。在某种程度上,儿童就是微缩的成人。事实真的如此吗?我们不妨看看下面的例子。

小宝与妈妈上街,结果妈妈把宝宝丢了。小宝哭着问街上的叔叔阿姨:"有没有看见我妈妈?我妈妈身边带着一个小胖子!!"

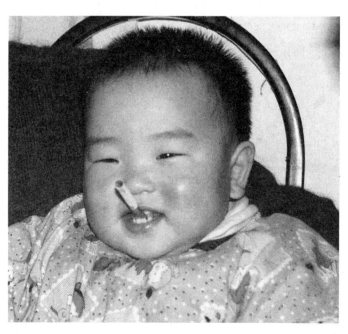

图1-1 儿童是"微型"的成人?

生活中总有类似于上面的例子提醒我们儿童与成人的差异，这也决定着我们不能以成人的眼光来看待儿童的心理世界。儿童认识和应对世界的方式与成人存在很大的差异，甚至在某种程度上，是截然不同的两种方式。但是，二者之间又有着千丝万缕的联系，因为所有的成人都曾经是孩子。

将个体简单分为儿童和成人同样也是有问题的。儿童期个体的发展变化如此之快，以至于我们在探讨儿童心理发展变化的规律时，需要对儿童期的发展阶段作进一步的细分。儿童在每一个阶段发展的任务和规律有着自身的特点。

1.1 儿童心理学的研究对象是什么样的？

儿童心理学一般以个体从出生到青年初期(14—16 岁)心理的发生和发展为研究对象。通常，研究者将儿童发展划分为以下五个时期，每一个时期会伴随新的能力和发展任务。

1. 出生前期：从怀孕到出生。这九个月是变化最为迅速的阶段，在这一阶段中，一个单细胞的有机体转化成了一个拥有听、看、原始反射等能力的人类婴儿。

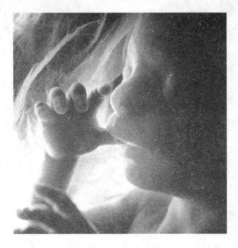

图 1-2 20 周大的婴儿

2. 婴幼儿期：从出生—2岁。在这一阶段，婴儿的身体和大脑会发生巨大的变化，语言开始出现，儿童开始学着直立行走。通常，生命的第一年为婴儿期，第二年为幼儿期。从这一时期开始，他们开始试着挣脱父母的怀抱，独立地探索和认识这个世界。

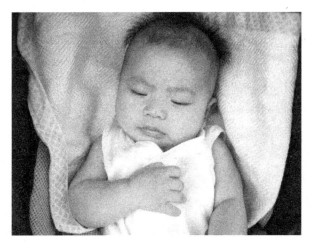

图1-3 婴幼儿期

3. 儿童早期：2—6岁。在这一时期，儿童的身体迅速成长，运动技能日趋完善。思维和语言在这一阶段有了飞速的发展，道德感开始树立起来。

4. 儿童中期：6—11岁。大部分的儿童都会在学校度过这一阶段，儿童接触到了更广阔的世界，学着与其他人更好的相处，并开始承担一定的责任。运动能力进一步提高，思维变得更加有逻辑性。

5. 儿童晚期：11—16岁。这一时期是从儿童期到青少年期过渡的阶段，儿童的生理发生了巨大的变化，荷尔蒙的作用使得个体的性征显现。儿童的思想越发成熟，更为抽象和理想主义。个体的自主意识逐渐增强。

1.2 儿童心理学研究的任务是什么？

儿童心理学的研究任务可以用三个 W 进行简单的概括，即 what（什么），儿童心理学研究的任务之一就是要揭示或描述儿童心理发展的共同特征与模式；when（什么时候），儿童心理学的研究还要揭示或描述这些特征与模式发展变化的时间表；why（什么原因），最后，儿童心理学的研究还需要对儿童心理发展变化的过程进行解释，分析发展的影响因素，揭示发展的内在机制。具体来讲，儿童心理学研究的主要任务可以简单归为三个方面：

1.2.1 描述儿童发展的特点和规律

描述儿童发展的普遍规律是儿童心理学的首要任务。这其中儿童的发展涵盖面非常广泛，简单来讲可以分作三个宽泛的领域和方面。一是生理的发展，包括身体的大小、比例、外貌和各种躯体系统功能的变化等；二是认知的发展，包括各种思维过程以及智能的发展；三是情感和社会性的发展，包括情绪的控制、人际交往技能以及道德方面的发展等等。

儿童的身体动作是怎样发展变化的，认知是怎样发展变化的，语言、情绪、个性等方方面面又是如何发展形成的，对这些问题的回答构成了儿童心理学的主要框架。为了回答这些问题，儿童心理学的研究者要仔细观察不同年龄阶段儿童的行为，试图寻找一种模式来说明儿童的发展变化规律。如有关儿童动作发展的研究揭示出儿童的动作发展遵循以下三个规律：

a) 从上到下。儿童最早发展的动作是头部动作，其次是躯干动作，最后是脚的动作。他们最先学会抬头和转头，然后是翻身和坐立，接着开始使用手臂，最后才学会腿和脚的运动，开始直立行走。

b) 由近及远。儿童动作发展从身体中部开始，越是接近躯干的部位，动作发展越早，而远离身体中心的肢端动作发展则较为迟缓。

c) 由粗到细。儿童首先学会大肌肉、大幅度的粗动作，在此基础上逐渐学会小肌肉的精细动作。如4—5个月大的婴儿想要拿面前的玩具时，往往不是用手，而是用手臂甚至整个身体来控制玩具。

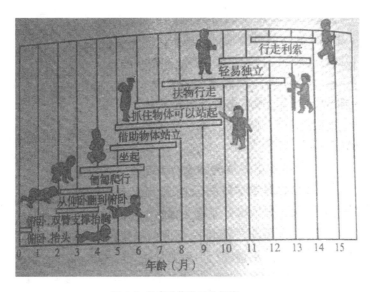

图1-4 儿童动作发展的规律

其他领域的发展和动作发展一样，都存在普遍的发展模式。这为我们理解儿童的心理发展构建了基本的框架。但研究者也发现，实际上没有哪两个人是完全相同的。甚至在同一家庭中长大的孩子，也会表现出不同的兴趣、价值观、能力和行为。因此，为了充分描述儿童的发展，研究者必须同时关注发展变化的普遍规律和个别差异。这样我们才能够清楚地了解到儿童在哪些重要方面是相似的，以及在发展过程中人又会表现出怎样的差异。

1.2.2　深入揭示儿童心理发展的原因和机制

如果说描述儿童发展的普遍规律是回答是什么的问题，那进一步揭示儿童心理发展的原因和机制就是在回答为什么的问题。充分描述为我们提供了发展的事实，但这只是一个起点。在此基础上，儿童心理学家还要去解释这些发展变化的原因。他们希望弄清楚为什么儿童会遵循某一典型的方式来发展，为什么一些儿童会和其他的儿童有所差异？如，对儿童语言发展的描述发现，儿童能够在出生之后短短的三四年时间里，基本掌握并运用本民族的语言。这一过程何以实现得这么迅速？各国的母语大不相同，环境也不一样，为什么儿童的语言发展会经历如此相似的历程？围绕这些问题，有的研究者提出存在先天的语言获得机制，也有的研究者认为模仿在儿童语言获得过程中发挥了重要的作用。对儿童心理发展原因和机制的揭示，可以使我们对儿童的抚养更加科学，符合儿童发展的规律。另外一方面也为儿童心理发展的培养和干预提供了科学的依据。

1.2.3　帮助和指导儿童更好地发展

很多研究者都希望通过自己的研究结果来帮助儿童更好地发展，从而使儿童的发展尽可能地优化。从某种意义上讲，描述儿童发展的普遍模式、揭示儿童心理发展的原因和机制，其最终目的就是为了帮助儿童顺利地度过发展的每一个阶段，帮助儿童解决发展中遇到的困难或暂时的障碍。目前看来，在很多领域，儿童心理学的研究都提供了有益的实践指导。如在增进不敏感婴儿与父母之间的交流方面，在帮助学习困难的儿童更好地适应学校生活方面，在帮助缺乏社交技巧的儿童更好地处理人际关系方面等等。

目前看来，儿童心理学的研究成果可以影响的领域正在日益扩大。公众和相关部门的政策制定者对儿童心理学研究越来越感兴趣。在各种媒体上，很多专业人士站出来解答公众在儿童抚育过程中遇到的问题和困难。相关的部门在政策制定时，开始主动邀请专业领域的学者专家来参与。这一方面充分发挥了儿童心理学研究的实践应用价值，帮助儿童更好地发展。另一方面，对儿童心理学学科本身而言，优化儿童发展的目标也影响了未来儿童心理学研究的方向。但是对应用方面的更加关注，绝不意味着传统的描述和解释研究就不重要了。因为如果研究者无法对正常和异常的发展途径加以充分的描述，并予以解释的话，所有优化发展的目标最终都会成为空中楼阁。

第二节 儿童心理学从何而来？

儿童心理学出现的前提是人们对儿童的发现和认识。很多人可能会纳闷，怎么还会有儿童的发现问题呢？但事实的确是这样子。现如今，对于很多家庭来讲，孩子是家庭的中心。"小太阳"、"小皇帝"的一举一动无不牵动着爸爸、妈妈、爷爷、奶奶的心。然而在人类发展的早期，儿童并不像现在这样重要，甚至儿童期这一概念的出现也是近代才发生的事。

2.1 从奴隶到主人——儿童境遇的改善

2.1.1 早期的儿童

在人类发展的早期，儿童几乎没有任何的权利，甚至连生命都不被成人当回事。孩子只是家庭财产的一部分。孩子的所有者——父母，可以任意地处置儿童。如考古学研究发现，古代的迦太基人常常会把婴儿杀掉作为宗教祭祀的祭品，并且会将杀掉的婴儿埋到建筑物的墙中,其目的只是因为他们相信这样做会使建筑物更加牢固!!在古代的罗马,父母可以将残疾的孩子、不想要的孩子随意杀掉。即使是那些存活下来的孩子,其境遇也好不到哪里去。在古代的斯巴达,婴儿很小就要开始洗冷水浴,以锻炼其意志。7岁时,斯巴达的孩子就要离开家庭,进入军营接受训练。在军营里他们常常挨打、挨饿。这样塑造儿童的目标就是要他们成为勇敢的武士。

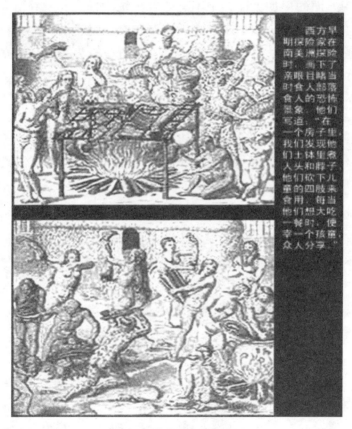

图1-5 早期儿童的悲惨境遇

不是所有人类早期的社会都会像迦太基人、罗马人和斯巴达人那样残酷地对待儿童。但一个不容置疑的事实是,在公元后的几个世纪里,孩子是没有权利可言的,只要父母认为合适就可以任意剥削自己的孩子,甚至是他们的生命。这种情况直至人类文明发展到中世纪才有所改善。

2.1.2 中世纪的儿童

到了中世纪,儿童的境遇开始有所改善,这在很大程度上要归功于宗教的力量。在中世纪基督教盛行的欧洲,法律首次将杀害婴儿视作谋杀。当然,这种改善更多的只是限于基本生存权利的获得,在中世纪的法律中,除了年龄极小的儿童外,在定罪量刑上,儿童和成人之间是没有差异的。我们从中世纪的文艺作品中也不难发现,那时儿童的打扮和成人非常相似,他们和成人一起劳作,也可以和成人一起饮酒狂欢。儿童被当作是成人的雏形:"只是比较小、比较弱、比较笨的成人。随着年龄的增长,儿童变得强壮聪明起来,显露出身上确实始终存在的成人特征。"

图1-6 中世纪的儿童

文艺复兴运动的兴起，引起了社会结构和家庭观念的变革，从而导致了人们对儿童看法的改变。到 15 世纪末，出现了很多关心儿童利益与教育的趋向，印刷术的使用更助长了这一趋势，使有关儿童护理与教育的文字材料流传开来。但由于文艺复兴的主旨在于恢复古希腊和古罗马的荣光，因而针对儿童的教材多半是古典科目，其教育方式也是强制的、较死板的。

2.1.3　现代社会的儿童

到了 17、18 世纪，对待儿童及教养儿童的态度开始改变。那个时代的宗教领袖强调儿童是无知、无助的灵魂。我们从圣经旧约和新约的对比中可以看到明显的差异。《旧约全书》中的观点是，儿童是被剥夺权利的、邪恶的人，他们生来就有原罪。这些天生的罪人需要严加管制，以免变得更加邪恶。而《新约全书》中则提到，儿童天生是无罪的，是善良的，只要环境不影响他们的正常成长，长大之后就会成为好人。为了更好地保护儿童，营造良好的成长环境，教会开始组织把儿童送

图 1-7　圣母与圣婴　［意大利］委罗基奥

到学校中接受教育。尽管当时学校教育的基本目的是提供道德和宗教教育，但一些重要的技能，如阅读和写作等，已经为儿童更好的发展打下了坚实的基础。自此以后，一种全新的儿童观开始形成，人们开始注意到儿童甜蜜、纯洁、逗人喜爱的天性，并把儿童作为有个性的人来了解和抚爱。从此以后，养育健康而又有成就的孩子就成为父母最关心的事情了。

2.2 人类研究儿童心理的历史

我们常常讲，心理学有着"悠久的过去，短暂的历史"，儿童心理学也不例外。最早对儿童进行思考和探讨的是古代的哲学家们。

2.2.1 早期哲学家们的思考

对儿童特性的思考，最早可以追溯到古代的一些哲学家和思想家。他们在对人性的思索过程中开始仔细地思考一些问题，如孩子的本性是善的还是恶的？孩子的发展是天生的还是后天环境塑造的结果？儿童在自己的发展过程中发挥了怎样的作用？

我们所熟悉的中国古代性善与性恶之争是最为典型的代表。孟子认为，人性本来是善的，"人性之善也，犹水之就下也。人无有不善，水无有不下"，人生来就是天使。那么又怎么解释现实生活中的险恶人心呢？孟子认为，那都是后天塑造的结果，"其所以放其良心者，亦犹斧斤之于木也，旦旦而伐之，可以为美乎？"荀子是性善论的反对者，他曾经专门写了一长篇文章来批评孟子的性善论，第一句就是："人之性恶，其善者伪也。"

西方的哲学家们同样在思考上述问题，所得的结果与中国先哲们的争议非常接近。比较有代表性的观点是霍布斯的原罪说、卢梭的性本善说和洛克的白板说三种观点。霍布斯认为，儿童生来就是一个自私自利的个人主义者，必须由社会来严加

图 1-8　赞同性本善说的卢梭

管制。卢梭则认为，婴儿天生就有区分对与错的直觉，但社会的要求和约束却使其丧失了这种本能。洛克提出了另外一个比较有影响的观点，他认为儿童的心理是一张白板，儿童没有天生的倾向性。换句话说，儿童既非性本善的，也非性本恶的，而是完全取决于儿童在这个世界上的经历。

不同的哲学观点倡导不同的教养方式。赞成原罪说的人认为父母应该对子女严加控制，而性善论的拥护者则把儿童当成"高尚的原始人"，主张给儿童更多的自由发挥他们的天性。支持白板说的人们更加重视父母的责任，努力确保儿童养成良好的习惯而避免形成不良的行为习惯。

哲学家们对儿童的思考虽然与现代的儿童心理学研究有一定的差距，但却在很大程度上促成了儿童心理学的诞生。正是这些哲学家们的思考，使人们意识到儿童时期的重要性。不仅如此，上述哲学观点还成为支撑当前很多儿童心理学理论的基础。

2.2.2　儿童心理学研究的发端

正式以儿童作为研究对象开始的研究出现在 19 世纪末。在这一时期，来自于不同学术背景的研究者出于验证自身理论的需要开始对自己的孩子进行观察，并撰写婴儿传记，出版发行。这其中最有影响的是进化论的提出者达尔文对自己孩子的记录。达尔文对孩子的好奇心源自他早期的进化论。他相信年幼的、未受过训练的婴儿有着人类远祖的一些特性，并且提出婴儿个体的发展复演了种系的整个进化历史。达尔文根据长期观察自己孩子心理发展的记录而写就的《一个婴儿的传略》，是儿童心理学领域早期的专题研究成果之一。尽管婴儿传记的方法存在这样或那样的不足，但却使人们相信，人的发展是值得、也是可以进行科学研究的主题。

图1-9 科学儿童研究的鼻祖：达尔文

科学儿童心理学的产生，以1882年德国生理学家和心理学家普莱尔的《儿童心理》一书的出版为标志。该书是第一部科学、系统的儿童心理学著作。在此书中，普莱尔通过对自己孩子的系统观察和描述，肯定了儿童心理研究的可能性，并阐述了遗传、环境、教育在儿童心理发展中的作用。

普莱尔之后，美国心理学家霍尔意识到了婴儿传记的不足，开始着手采用更为科学的手段对儿童进行研究。他编制了一系列的问卷对儿童的行为、态度、兴趣等作了广泛、系统的调查研究，在西方社会掀起了一股"儿童研究运动"，对儿童心理学的学科发展起到了极大的推动作用。

在霍尔用问卷法研究儿童心理的时候，欧洲一位年轻的神经科学医生却在用另一种方法考察人的心理并揭示心理的内容。这就是弗洛伊德。他依据临床经验而建立的精神分析理论成了一个有关儿童和儿童期理论的革命性的思想。在此之后，越来越多的研究者开始投身儿童心理学的研究，从而使这一学科逐渐建立并兴旺起来。

第三节 儿童心理学的研究方法有哪些?

科学研究的方法事实上并不神秘,它就像大侦探福尔摩斯破案一样,首先要收集一定的证据,在此基础上,对可能的情况进行推理,形成假设,然后筛选相关的证据来验证或者推翻这样那样的假设,直到找到事情的真相。儿童心理学的研究与之类似。我们不妨用一个例子说明一下。双语教学是近年来备受关注的一个话题,部分观点认为,过早学习外语会影响儿童母语的获得,媒体上也出现了相关的案例报道(事实)。对这个问题感兴趣的研究者会怎么做呢?他们在关注到这些事实之后,会查阅已有的研究和事例,并在此基础上做出自己的判断,假定我们的研究者相信低龄儿童学习外语不会影响母语的习得(假设)。是不是这样就可以了呢?不是的。儿童心理学的研究之所以成为科学的研究,关键在于它要采用科学的方法对上述的假设进行证明或者证伪。研究者会设计研究,收集数据,从而证明自己的假设到底是正确的还是错误的。

幸运的是,研究者现在已经掌握了很多收集数据的方法来证明自己的假设。这些方法的出发点可能各有不同,但作为科学的方法,他们基本上都符合科学测量的两个重要特性:信度和效度。

如果不同的研究者在重复某个研究或实验时能够得到比较一致的结果的话,我们就认为这种方法是可信的。就像我们拿尺子量长度一样,如果不同的人拿同一把尺子来量,得到的结果差别不大,我们就认为这把尺子是可信的。反之,同样的尺子,不同的人拿来量,发现结果差异很大,我们就有理由怀疑尺子的准确性了。儿童心理学的研究也是一样的。举个简单的例子,如果你到一个班级里记录儿童欺负和被欺负的情况,结果你的助手采取同样的方案在同样的班级中再次测量的时候,发现结果差异很大。那显然你的观察方案就是有问题的。

任何研究方法在实施过程中，还面临另外一个挑战，那就是它是否测到了它想要测量的东西。如果做到了，那这种方法就有很高的效度。假定我们用日常的米尺去测量细菌的长度，这把尺子能胜任这样的任务吗？研究中也是一样，如果我们的研究方法不能够收集到我们希望观察事实的数据，那这种方法同样也是有问题的。举个简单的例子，如果我们拿着成人智力测验的题目来测试儿童，我们得到的结果可能是，所有的孩子没有太大的差异，都表现很差。这样的方法就不能够反映事实的真相。

那么，有哪些方法可以基本满足信度和效度的要求，并为儿童心理学的研究者广泛使用的呢？现在让我们来看一下研究者测量儿童发展的几种方法。

3.1 自我报告法

自我报告法是要求儿童自己用语言或文字的形式回答研究者所提出来的问题的一种研究方法。这其中包括两种常用的自我报告方法，即访谈法和问卷法（包括心理测验）。

3.1.1 访谈法

访谈法是由研究者向孩子或孩子的父母提出一系列有关儿童的行为、情感、信念等发展方面的问题，由孩子或孩子的父母用口头回答研究者的问题。访谈有不同的形式，一种是比较严格的，研究者在访谈之前就准备好了一份访谈的问题，然后要求被访谈者按照相同的顺序来回答相同的问题。这种称为结构性访谈。还有一种相对比较灵活，研究者往往根据访谈对象对上一个问题的回答情况来提出第二个问题。这种方法称作临床访谈。让我们来看一个临床访谈的具体例子：

你知道什么是撒谎吗？——就是说的话不对。——说 2+2=5 是说谎吗？——是说谎。——为什么？——因为他不对。——这个说 2+2=5 的男孩知道它不对吗，还是只是弄错了？——他弄错了。——那么如果他弄错了，他有没有撒谎呢？——他是在撒谎。

图 1-10　心理学家在进行访谈

访谈法最大的好处在于，它可以在很短的时间内收集到大量的信息。比如，我们在一个小时的时间里，可以从一名家长那里获得一大批有关儿童教养方面的资料。但访谈法也有一定的局限。首先，访谈法依赖于访谈对象的语言表达能力，对于年龄较低的被试，或语言表达能力较差的儿童并不适合。其次，访谈的过程中，访谈对象很有可能会因为迎合研究者而掩盖自己真实的想法。最后，在某些情况下，我们会对儿童的父母和老师进行访谈，因其立场不同，对他们访谈的结果不一定会反映真实的情况。如很多父母会在研究者面前有意识的掩盖儿童某些不良行为，从而使研究的结果产生偏差。

3.1.2 问卷法和测验法

问卷法和测验法也是心理学家研究儿童心理发展的重要武器。心理学家往往会根据自己想要研究的问题，拟定一份调查问卷，并且在人群中选取一部分人，让他们自由的表达自己的态度或意见。就问卷的结构来看，通常包含两个部分。第一部分要求调查对象回答自己的一些基本背景，如性别、年龄、职业、受教育状况等等。第二部分就是正式要回答的问题。回答可以有不同的形式，可以选择、判断，也可以就某一问题作简单的阐述。

相比较而言，测验法比问卷法要严格得多。测验过程中所使用的量表往往是研究者依据一定的理论基础，经过反复测试和调整最终确立的标准化的测验题目。测验的信度和效度是测验法最关注的。另外一方面，测验用的量表通常会伴随有一份年龄的常模。儿童在测验上所取得的成绩往往会和常模分数进行比较，以确定儿童心理发展的水平和特点。我们大家最为熟悉的智力测验就是在运用测验法考察儿童的心理发展特点。

图 1-11 父母在配合研究者完成问卷调查

问卷法和测验法的优点是显而易见的，那就是能够在短时间内收集到大量的资料。研究者可以同时对很多人进行问卷调查或者测验，从而了解儿童发展的特点。但由于问卷法和测验法都有赖于调查对象或测验对象对题目做出回答，所以很多主、客观因素都会影响调查和测验的结果。如调查对象或测验对象的配合程度、对问题的敏感程度等等。

3.2 观察法

观察法，顾名思义就是研究者直接观察儿童的心理或行为表现，从而来反映儿童心理发展水平和心理发展特点的一种方法。观察可以在儿童生长或熟悉的自然环境中进行，也可以把儿童请到某种事先设定好的情境中进行观察。前一种观察方法叫做自然观察法，后一种观察方法则称为结构观察法。

我们不妨来看一下研究者采用观察法进行科学研究的真实例子。在一项有关儿童与同伴交往的研究中，研究者想了解儿童对同伴哭闹的反应。于是研究者找到一所幼儿园，观察幼儿园中三四岁儿童的表现。一旦有儿童哭闹起来，研究者就会观察和记录附近儿童的反应。观察的结果发现，儿童的表现差异很大，他们或者漠不关心，或者在一旁嘲笑，也有的儿童会主动提供帮助，还有一部分小孩则会在旁边跟着一起哭。

自然观察法有一个很大的局限在于研究者必须要等着特定的行为出现才能进行观察。在上面的例子中，如果很长一段时间都没有儿童哭闹，那研究者只能等待。这在很大程度上增加了研究的时间和成本。为了避免这一问题，研究者通常会在实验室里进行结构观察。

图 1-12 对儿童行为的自然观察

在一项有关儿童欺骗的研究中，研究者将儿童请到实验室里。实验室正中的桌子上放着一件非常具有吸引力的玩具。研究者首先要求儿童背对玩具坐好，然后告诉儿童自己因为有事要出去一下，在他回来之前不允许儿童看玩具。如果儿童能够做到，就会获得一定的奖励。然后，研究者离开实验室到隔壁的房间，通过单向玻璃或者摄像头就可以观察到儿童的表现。研究结果发现，大部分儿童到了三四岁时都会做出欺骗的行为，也就是会回头偷看玩具，但却向研究者报告说自己没有偷看。

观察法的最大优点在于它的真实，尤其是自然观察法，它可以解释儿童在日常生活中的真实行为。但不足同样存在，首先，观察者本身就会对观察的结果产生影响。试想一下，如果一个陌生人整天拿着纸和笔在你身边东张西望，你会有什么样的感受。同样的，在这种情况下，儿童和成人都往往会以一种不自然的方式作出反应。除了观察者的影响以外,观察者的偏见也是影响观察研究的重要因素。当观察者有目的地进行观察时,他所看到的和记录下的内容可能不是儿童的实际行为,而是观察者自己所期望的行为。

3.3 实验法

自我报告法和观察法存在的一个最大的问题是,不能够揭示因果关系。譬如,研究者通过观察发现,儿童观看暴力电视节目的数量和他们所表现出来的攻击行为存在一定的关系。观看暴力电视节目多的儿童,在日常生活中会表现出更多的攻击行为。但这样的研究不能够告诉我们,到底是看暴力电视节目导致的攻击行为增多,还是攻击性强的儿童更喜欢看暴力电视节目。实验法可以弥补这一不足。

在实验法研究中,研究者们会根据一定的研究目的,事先拟定严格的研究计划,把与研究无关的因素控制起来,在一定的条件下引发儿童的某种行为,从而确定这种条件和儿童产生的行为之间的关系。例如,很多证据都告诉我们,看暴力电视可以导致儿童具有更强的攻击性行为。那用实验怎么来证明呢?有研究者做了这样一个实验。参加实验的被试是5—9岁的儿童。研究者把这些儿童分成两个组,一组儿童观看从某部电影上剪辑出来的3分钟暴力片断。片断中有两次打架、两次枪击和一次用刀刺人的镜头;另一组儿童观看3分钟非暴力的镜头。观看完毕之后,每个儿童都被依次带进另一个房间,并让他坐在一个操纵台前面。这个操纵台与隔壁房间有连线。在这个操纵台上有一个标着"帮助"的绿色按钮,一个标着"伤害"的红色按钮,两个按钮之间是一个白色的灯泡。研究者告诉儿童,在隔壁房间有一个儿童在玩摇柄游戏,这种游戏可能会使中间的白色灯泡发光。这时候,如果按

"帮助"按钮可以让隔壁的小朋友操纵起来更顺利,而如果按"伤害"按钮,就会使手柄变得很热,从而伤害到隔壁的小朋友。研究结果很明显,不论是男孩还是女孩,在看了暴力电影镜头后,都会倾向于按"伤害"按钮。因此,实验表明仅仅 3 分钟的暴力节目就能导致儿童对同伴采取攻击性行为。

图 1-13 实验室中的实验

实验法的最大优点就是能够真实地确定一件事情是引起另一件事情的原因。但是实验法也有自己的不足,那就是,儿童在实验室里所表现出来的行为可能会和自然条件下大不相同。儿童在实验条件下会紧张、拘束,会按照实验者的预期作出反应。总而言之,实验法得出的结论很有可能并不适用于真实的环境。

3.4 个案研究法

有些时候,研究者想要研究的儿童在人群中的比率并不是很高,这时候就要针对某个具体的个体进行深入的研究。这种研究方法称为个案研究法。譬如说,研究者想要研究天才儿童产生的原因,就不可能采取大规模的调查或测验。比较常用的做法就是选取某一个或少数几个天才儿童作为研究的对象,全面考察其生存和成长的环境,从而找到规律性的结论。当然,个案法也并不单纯应用于异常的儿童,我们对于正常儿童同样可以采取个案追踪的方式进行研究。19世纪末和20世纪早期的婴儿日记就是个案研究的范例。

我们所熟悉的精神分析理论,在很大程度上就是建立在个案分析的基础上的。弗洛伊德在对病人的治疗过程中发现,不同的病人在其成长过程中常常有一些非常类似的经历。他从中推测所有人的发展过程中都会有一些发展的里程碑。弗洛伊德不断的观察他的病人,了解他们的生活经历,最后发现病人早期的生活事件在很大程度上影响到了病人的发展。在此基础上,他认为自己已经拥有了构建一个全面解释个体发展理论的资料,由此诞生了我们所熟悉的精神分析理论。

个案研究法的优势是可以了解儿童的各方面信息,如所在家庭的背景、社会经济地位、健康状况、学习经历等等。这些信息有助于我们从整体上把握和分析个体成长和发展的原因。个案研究法同样存在不足,最大的问题是个案研究法的结果很难进行推广。你很难根据一个儿童的表现来推知其他同年龄阶段的儿童在相同的情况下是否会作出同样的行为。因此,从个案研究法所得到的结论往往要和其他研究技术的结果相结合来加以验证。

3.5 人种志研究法

人种志研究法来源于人类学上的参与式观察,这种方法主要是用来研究文化对儿童成长的影响。通常的做法是,研究者为了收集数据,在想要研究的文化或者亚文化中生活一段时间。在此期间,他们会对该文化下的成员进行大量的观察,不断地与他们进行交谈,最后整理出这种文化群体的特点,并总结出该文化所独有的价值观和传统会对儿童的发展产生怎样的影响。

图 1-14 研究者有时还要融入特定的文化

不同的文化具有不同的价值观和传统，如果不能够融入到当地的文化，而是以一种旁观者的姿态进行评判，很有可能导致错误的结果。譬如说，研究表明，中国的父母对待孩子要比美国白人父母更为严格、要求更高。在美国的文化背景下，这种做法意味着极权，在很大程度上会对儿童产生不良的影响。但在中国的文化背景下，这种做法却代表了不同的含义，即对儿童的深切关注和呵护。

人种志研究法可以帮助研究者搞清楚文化或各种文化的冲突对儿童发展的影响，但它同时也是一种非常主观的研究方法。研究者的学术背景、宗教信仰、价值观念、理论偏好等等都会导致他们对所经历的事情产生错误的理解。此外，人种志研究法所得到的结论往往只适用于某一种文化或者亚文化，不能够推广到其他文化背景下的儿童身上。

从上面的论述，我们可以看到，儿童心理学家们设计了各种各样的方法来研究儿童心理发展的不同侧面。研究者们想尽办法,力求使自己的研究方法有效而又准确。但在现实的研究过程中,研究者往往又会遇到很多的约束,其中伦理就是一个很大的问题。有一些伦理问题比较容易解决,研究者只需要不去做一些肯定会导致儿童身心伤害的实验,如虐待、饥饿和长时间的孤独等等。但在大部分情况下,这个问题会变得复杂。譬如说,我们能在研究中,为了研究的目的,而诱惑儿童使他们产生欺骗行为或放弃某些原则吗?或者能欺骗被试吗?比如,故意错误地告诉儿童实验的目的,或者告诉他们一些虚假的信息(如,"你这次测验的成绩很差")。这样的研究处理很有可能会对儿童产生潜在的不良影响。所以,在研究中,研究方法的科学性、有效性是一方面,在具体的研究中研究者还要针对具体的研究方法,避免研究对儿童直接或者间接的影响。从某种意义上讲,儿童心理学的研究者比其他分支学科的研究者更应该注意这样的问题。研究者是带着镣铐的舞者,只不过通过巧妙的设计和论证,他们可以展示出优美的舞步。

儿童的权利及心理学研究者的责任

当儿童参与到心理学研究中时,伦理方面的考虑非常的复杂,因为儿童较之青少年和成人更容易受到身心伤害。同时,年幼的儿童可能并不完全明白他们在研究中在做些什么。为了保护参与研究的儿童以及阐明儿童研究者的责任,美国心理学会以及儿童发展研究协会通过了一些伦理规则,比较重要的条款有以下几条:

避免伤害

研究者不能使用任何可能伤害儿童的身体或心理的研究操作。心理伤害很难定义,这与研究者的责任有关。当一名研究者不确定研究操作是否可能产生伤害时，他必须与人商讨，一旦认识到可能伤害被试，就必须更换研究方法或放弃该研究。

获得许可

研究应该得到儿童的父母及其他监管人（比如老师）的同意，最好做成书面文件。必须告诉他们研究的所有特点，使他们依此来判定是否准许儿童参与研究。在研究的过程中，无论是儿童的监护人还是儿童，都有权利随时终止参与研究。

保密

研究者必须对所有来自被试的数据保密。儿童有权利要求在正式的或非正式的数据收集以及结果报告中，隐瞒自己的身份。但有一个例外，在美国，很多州县都规定，如果研究者在研究的过程中发现儿童正受到虐待或忽视，那他们有权向相关部门报告相关的情况。

欺瞒/接受询问/告知结果

尽管儿童有权预先了解研究的目的，但有些特别的研究项目可能必须隐瞒某些信息或者对儿童进行欺瞒。无论何时，当出现这种情况时，研究者必须得到同行委员会的许可。如果某项研究对儿童隐瞒了信息或进行了欺骗，那么研究者必须在事后向被试解释清楚，告诉儿童研究的目的是什么以及为什么必须要欺瞒他们。

第二章 "生命的奇迹"
——儿童生理和动作的发展

你了解儿童身体的发展吗?
小判断:下面的论述,哪些是错误的?

- 较早学会走路的婴儿将来可能会特别聪明
- 一般婴儿2周岁时的身高大约达到其成人时身高的一半
- 在婴儿生长的头几年中,将有半数的脑细胞会死亡,而且得不到更新
- 到了一定的年龄,大多数婴儿都将学会行走,但不管怎么样的激励方法也不能使一个6个月大的婴儿独立行走
- 在青春期以前,荷尔蒙对个体发展几乎没有影响
- 即使是那些营养良好、无疾病困扰、没受到过生理虐待的儿童,情感创伤也可能严重阻碍其成长

上面的论述中,只有第一和第五句论述是错误的。这样的答案可能会让很多人吃惊。难道婴儿身体的发展在两岁之前竟然会如此的迅速?儿童大脑的发展又有怎样的规律和特点?儿童动作技能的发展又遵循怎样的时间表?这些令人着迷的问题正是本章的主题。

第一节 儿童身体发育的特点

在我们身边,经常可以观察到成人对儿童发育速度之快的感慨。尤其是在头两年的时间里,儿童身高体重方面的变化似乎总是超越了人们的预期。那么,儿童的身体发育遵循怎样的轨迹呢?研究发现,儿童身体的生长发育不是直线上升的,而是呈波浪式的发展。发展的速度有时快些,有时则相对慢一

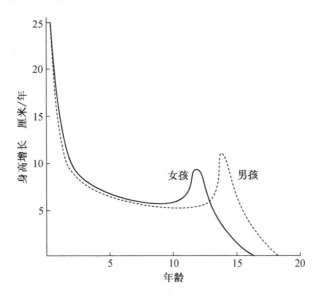

图 2-1 从出生到青春期男女两性身高的增长情况

些。儿童的成长发育有四个显著的时期：（1）从出生到2岁，发展十分迅速。尤其是在生命的头几个月里，婴儿的体重几乎每天增加28克，身高每个月增加2.5厘米；（2）2岁到青春发育期，发展速度减缓；（3）从青春发育期开始（男孩约在13—15岁，女孩约在11—13岁），发展又一次加速，并且身体变化很大；（4）15、16岁以后，身体的发育发展又趋平缓。图2-1描述的就是儿童从出生到青春期，他们身高发展速度的变化情况。

1. 身高和体重的变化

从出生到成熟的整个发育时期，儿童的身高和体重都在不断增长。一般来说，女孩大约可以长到18岁左右，而男孩稍晚，大约要到20岁左右。在不同的年龄阶段，儿童身高体重的增加速率是不一样的。这其中有两个最快的发展时期，或者称为发展的高峰期。第一个发展高峰期是在出生后的第一、二年里。在这一时期，婴儿的成长非常迅速，他们在4—6个月的时候体重就已经比出生时翻了一番，到第一年结束的时候，体重更是增加到出生时的3倍。到两岁时，儿童已经达到了其终生身高的一半左右。如果按照这样一个增长速率，那么到他们18岁的时候，他们的身高将会超过3.5米，而体重则可重达数吨！

从两岁开始，直至青春期，儿童身高体重的增长速度开始急剧下降。身高在两岁后大约每年增加4—5厘米，体重增加1.5—2.5公斤。这样的一个发展速度事实上也是非常快的，只是相对于一个1.2—1.3米高、27.5—36.5千克重的个体来说，这些变化似乎不那么容易被察觉。到了青春发育期，儿童的身高体重出现了第二个发展的高峰期。这时他们的身高每年大约增加6—7厘米，体重则每年增加约4—5公斤。一般而言，

在这个加速期以后,青少年后期直到成人,身高的变化就不大了。儿童的身高和体重的水平大抵可以用以下公式来计算:

身高(厘米)= 实际年龄×5+80(2岁以后)
体重(公斤)= 实际年龄×2+8(1岁以后)

需要说明的是,上面两个公式简便易算,但不一定精确,所得的数据仅供参考。关于儿童的身高体重,各个地区都有自己的年龄常模,可自行加以对照。偏高和偏低均不好。

2. 身体比例的变化

只要稍加留意,我们就不难发现,新生儿看起来头似乎特别的大。几乎占到了整个身体的1/4,其比例接近腿长占体长的比例。而随着儿童的成长发育,身体比例发生了巨大的变化。这事实上反映了儿童成长发育的两个规律,即由上至下由近及远。新生儿发育最为成熟的是他们的头部,刚出生的小孩,其头已经是成人后大小的70%。在出生后到1岁之间,躯干的成长最为迅速。1岁时儿童的头长仅占身体总长度的20%。从1岁到青春期,腿的生长最为迅速,其增长的长度占到了整个身体增长部分的60%还多。最终到达成人的身高时,腿长将占到整个身高的50%左右,而头则仅占到12%左右。事实上,在整个发育过程中,儿童的头只长了一倍,躯干增长两倍,上肢增长三倍,下肢增长四倍。

儿童在生长发育的过程中同样遵循由近及远的发展原则。例如,在母孕期间,胸腔和内部器官最先形成,然后才是胳膊和腿,最后是手和脚。在整个婴儿期和儿童期,胳膊和腿的生长都要比手脚的生长迅速。但是在接近青春期时,这一模式发生了逆转,手和脚开始迅速生长,成为最先达到成年时比例的身体部位,然后才是胳膊和腿,最后才是躯干。这也能解释,

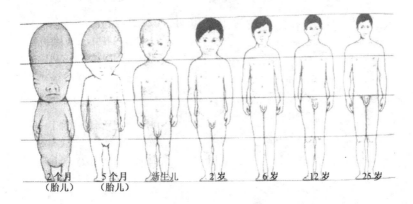

图 2-2 从胎儿到成年期人体比例的变化

为什么十来岁的青少年看起来笨手笨脚、反应缓慢。因为在这个时候他们的手和脚可能突然看上去比身体的其他部位要大很多。

3. 身体各系统的发展

儿童在生长发育的过程中,身体各个系统的发展同样也是不平衡的(图2-3)。

从图中我们可以看出,儿童在出生之后,大脑和神经系统的发育是最快的,并且一直到6岁时,仍然是以最快的速度发展着。等到了儿童开始读小学的时候,大脑和神经系统的发育已经接近成年人的水平。

淋巴系统的发育表现出一种比较奇怪的发展速度。在儿童10岁左右的时候,淋巴系统成长所达到的规模已经达到了成人时期的200%。之所以出现这样的情况,可能是因为儿童对疾病的抵抗能力较弱,所以需要强有力的淋巴系统来加以保护。在10岁之后,随着其他系统逐渐成熟,对疾病的抵抗能力得到增强,淋巴系统的发展呈现退缩的态势。

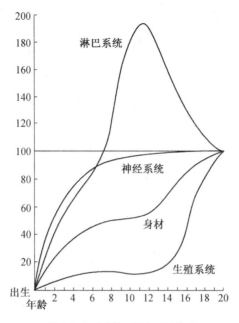

图 2-3 四种身体系统的发展模式

生殖系统在儿童 10 岁以前几乎没有什么进展，而在青春期开始以后才迅速的发展成熟起来。这说明儿童在全身没有达到成熟时，生殖系统的迅速发育似乎是没有什么必要的。

4. 大脑和神经系统的发展

在生命的早期，大脑以一种惊人的速度生长。在怀孕后的第四周，胚胎第一个发育形成的就是神经系统。到第 8 周的时候，胚胎的大脑皮层就已经可以分辨出来了。26 周时，胎儿的大脑皮层已经基本上具有和成人脑一样的沟回，可以说大脑的形态在这一时期基本形成。婴儿出生时，大脑的脑重是 390 克左右，占到成人脑重的 25%，而同时期新生儿的体重仅为成人体重的 5%。到 2 岁时，婴儿大脑的重量达到成人脑重的 75%。母亲怀孕的后三个月和婴儿出生的头两年被称作"大脑发育加速期"，因为成人大脑一半以上的重量是在这段时间获得的。从母亲怀孕的 7 个月到婴儿 1 周岁期间，大脑每天增重 1.7 克，换句话说，在一分钟里增加的重量就有 1 毫克多。

大脑重量的增加并不是大脑内部的神经元细胞增加了。事实上，在妊娠中期 3 个月大脑生长加速期开始之前，个体所具有的绝大多数神经元就已经形成了。在以后的日子里，只有神经元细胞的死亡，而新生的神经元细胞却很少。那么，是什么原因导致了大脑重量的增加呢？原来在大脑组织里面，除了神经元细胞之外，还有一种神经细胞叫做神经胶质细胞。神经元细胞负责传递神经冲动的信息，而神经胶质细胞的作用则是为神经元细胞提供养料，最终把神经元细胞用一种蜡质的髓鞘与外界隔离开。在大脑里面，神经胶质细胞的数量要远远大于神经元的数量，而且神经胶质细胞在人的一生中都会不断地形成。

人的大脑里面大约有 1000 亿到 2000 亿左右的神经元细胞。这些神经元细胞分布在大脑的不同区域，承担着特定的功能。有趣的是，神经元细胞的功能并不是由它自身的结构决定的，而是由它所处的区域决定的。譬如说，在大脑的视觉皮层神经元经过神经外科手术被移植到控制听觉的区域，那么它将会逐渐变成一个听觉神经元，而不是一个视觉神经元。

神经元到底会到达哪一个区域，这在很大程度上是由基因决定的。但现在的研究也发现儿童在大脑发育过程中的经验也会影响大脑和神经系统的发育发展。有研究者研究了在黑暗环境中长到 16 个月的黑猩猩婴儿。研究结果令人震惊。在黑暗中养大的黑猩猩的视网膜和负责视觉信息的神经元细胞发生了萎缩现象。而且当这些视觉剥夺超过 1 年的话，这种萎缩将会没有办法逆转。

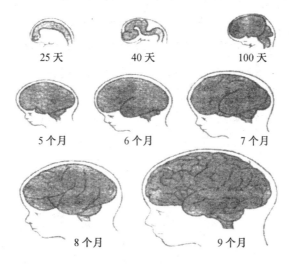

图 2-4 大脑皮层的发育

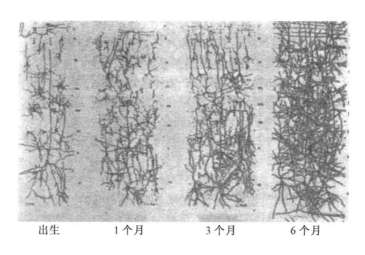

图 2-5 大脑神经纤维的发展

问题来了,是不是给个体提供一个具有丰富刺激的环境就可以促进大脑神经元的发展?动物研究的结果表明,答案是肯定的。研究者对比了在标准实验室环境下和具有丰富刺激环境下成长起来的动物。研究发现,在有很多玩伴和玩具环境下成长起来的动物,它们的大脑更重,神经元之间的连结更为广泛。这在很大程度上告诉我们,早期经验在大脑的早期发展过程中扮演着重要的角色。

第二节 儿童动作发展的规律

很多作家喜欢把新生儿比作"无助的婴儿"。和其他动物的新生儿相比,人类新生儿的动作发展水平似乎要低很多。很多动物刚降生不久,动作就发展得很好,它们可以自由地行动。而人类的幼儿在出生后的很长一段时间里,仅仅有两种基本的身体活动。一种是吸吮、觅食和抓握等反射动作。另外一种则是一般性的身体活动,如蹬脚、挥臂、扭动躯干等。

1. 新生儿的本能发射

刚出生的婴儿看上去并不是那么的赏心悦目,由于出生过程中的氧气缺失,新生儿的脸色发青。与又长又弯的腿相比,他们的头显得特别的大。此外新生儿的皮肤常常是皱起的,以至于一位心理学家在看到刚出生的小孩时,对孩子的母亲说:"恭喜你,你刚刚生了一个……蜥蜴!"在很多夫妇看来,这个其貌不扬的小生命除了吃和睡之外,似乎什么都不会做。然而在陪了新生儿几个小时之后,他们会惊奇地发现,这个小东西并不是什么都不懂。他们似乎生来就带着很强的本领,这些本领帮助他们可以更好地适应外面的世界。

新生儿最大的能力之一就是他具有一整套有用的先天反射系统。在这里所讲的反射指的是对刺激的一种自发的和自动的反应，比如一阵风吹过来人们会眨眼这样的动作。正常的新生儿身上会表现出来哪些反射呢？

觅食反射。 当新生儿的面颊触到妈妈的乳房或其他部位时，就会把头转向刺激物的方向搜寻，一直到嘴接触到可吸吮的东西为止。用手指抚摸孩子面颊时，他也会把头转向手指的方向，手指移到哪儿，头就转向哪儿。这种反射从出生半个小时就可发现，持续时间为3周，此后逐渐变为由神经控制的动作。其机能是帮助婴儿寻找食物源。

吸吮反射。 用手指轻轻碰新生儿的口唇时，他会出现口唇及舌的吸吮动作。这种反射发生在刚刚出生的婴儿身上。吸吮反射是新生儿反射中最强、最重要的一种。当婴儿做吸吮动作时，他的其他一切活动都会终止。吸吮反射使婴儿的吃奶成为自动化的动作，具有重要的生存价值。

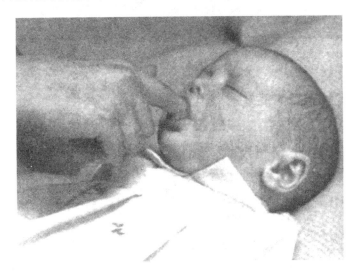

图 2-6 新生儿的吸吮反射

眨眼反射。在新生儿醒着的时候，突然有强光照射，他会迅速地闭眼；当孩子睡觉时，如有强光照射，他会把眼闭得更紧。这样的表现出生即有。到孩子长到6—9周时，把一个东西迅速移到他眼前，他也会眨眼。这种反射将持续终生。其作用是保护婴儿免受强光刺激。

收缩反射。用带尖的东西轻刺新生儿的脚掌，他的脚会迅速收缩，膝盖弯曲，臀部轻抬。这种反射出生即有，10天后减弱。它可以使婴儿免受不良触觉刺激的伤害。

抓握反射。把手指放在婴儿手掌上并轻轻压动，婴儿会抓住成人的手指，抓握的力量之大，足以承受婴儿的体重。其出现时间是从出生到三四个月，它是婴儿以后有意识地抓握物品的基础。

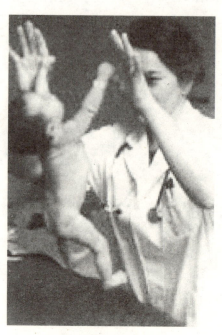

图2.7 新生儿抓握反射的力量足以支撑起自己的体重

游泳反射。把新生儿以俯卧的姿势轻轻放进水里,他的双手双脚会扑扑腾腾地做出非常协调的游泳动作。这种反射出生即有,4—6个月逐渐消失,其机能是在婴儿意外落入水里时保护其生命。

巴宾斯基反射。用手指沿着新生儿的脚底外缘从脚趾向脚后跟划动,他的拇指会慢慢翘起,其余脚趾呈扇形张开。这种反射从初生持续到8—12个月。其生理机能至今尚无定论。

摩罗氏拥抱反射。以水平姿势抱住婴儿,如果将其头的一端向下移动,或朝着婴儿大喊一声,他的双臂会先向两边伸展,然后向胸前合拢,做出拥抱姿势。此种反射从出生持续到6个月左右。这种反射是在人类长期进化中形成的,其机能是可以使婴儿抱住母亲的身体。

强直性颈部反射。在婴儿仰卧时,如果把他的头转向一侧,他这一侧的手臂和腿就会伸直,另一侧的手臂和腿弯曲起来,呈"击剑姿势"。这种反射在出生28天时出现,持续到4个月左右。其机能可能是为婴儿将来有意识的接触物体动作做准备。

身体直向反射。转动婴儿的肩或腰部,婴儿身体的其余部分会朝相同方向转动。在初生到12个月的婴儿身上可见到这种反射,其机能是帮助婴儿控制身体姿势。

迈步反射(行走反射)。双手抱住婴儿,使其两脚着地,他会做出走路似的迈步动作。持续时间是从初生到2个月。其机能是为将来学习走路做准备。

看来小家伙身上的"本领"还真是不容小觑。上述的这些反射行为大体可以分作两类,一类被称作"生存反射",因为它们具有很明显的适应价值。譬如说觅食反射、眨眼反射等

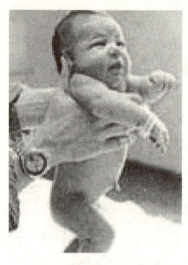

图 2-8 婴儿表现出迈步反射

等。而另外一些反射行为看上去不像生存反射那样有用。这些原始的反射被看作是人类进化的痕迹，它们最初的功能现在已经消失了。

2. 新生儿之后的动作发展

出生后第一年里面，婴儿最引人注目的变化，是在控制自身运动和执行动作技能方面的巨大进步。到第一个月结束的时候，他们的大脑和颈部肌肉已经足够成熟，大多数婴儿已经达到自己动作发展的第一个里程碑——腹部着地平躺时可以抬起下巴。不久以后，在大人的帮助下，他们可以抬起自己的胸部、伸手够物、翻身和坐立。婴儿的动作发展遵循由上至下、由近及远的规律。对他们来讲，一些比较重要的动作发展包括：

2.1 头部动作

婴儿最早发展的动作是头部的动作。这其中，婴儿对眼睛肌肉的控制发生得最早。出生后12个小时，他们就已经可以注视移动中的成串东西。满月的婴儿俯卧时能将头部举成水平位置，发展的顺序是俯卧时能抬头，然后坐着时头能竖直，最后仰卧时能抬头。

2.2 躯干部动作

躯干部的主要动作是翻身和坐。婴儿由侧卧转为仰卧，由仰卧转为侧卧，接着是自由翻转。几乎在同样的时间段里，他们开始能控制躯干部，自己自动地坐起。刚开始的时候可能会有些笨拙,他们会身体前倾,双臂向外伸,两腿弯曲,脚掌相对。这些动作的目的是为了增加身体上半身的平衡。

图 2-9 可爱的坐姿

2.3 手臂和手的动作

手的抓握动作是人类婴儿独有的动作。手的抓握动作约在周岁的时候基本掌握。最初婴儿的抓握是用整个手臂,以后才用拇指,再发展到使用四个手指和拇指。最终,婴儿可以在抓握的动作中,逐步形成眼和手的协调,并且开始学着两只手合作玩弄一个物体等等。

图 2-10 我会刷牙了!

2.4 腿和脚的动作

婴儿在学会翻身、坐起的动作之后,就开始逐渐学着爬行。婴儿最初采取的爬行动作是坐着,然后用手臂和腿推着身体前进;之后是匍匐爬行,也就是腹部蠕动,用手臂带动身体前进,两条腿托在后面,不发挥任何动力作用;接着开始用膝盖和手配合爬行;最早在 8 个月的时候才能用手和脚作四肢爬行。爬行较为熟练后,他们开始尝试着站立。1 岁左右的婴儿能够扶着东西走路,一般在 1 岁半的时候就可以行走自如了。

婴儿的动作发展遵循特定的顺序,在每一个年龄阶段都有典型的里程碑性质的动作出现,表 2-1 简单总结了 3 岁以前儿童全身动作发展的顺序。需要指出的是,不同的儿童在动作掌握方面可能会有早有晚,这并不意味着动作技能发展较快的婴儿比掌握速度一般或稍慢的婴儿聪明。绝对不可以据此就认为前者处于优势的地位。事实上，研究表明，动作发展的速度不能够预测孩子未来的发展。

动作发展的文化差异

很长时间以来，人们都相信，影响婴儿动作发展的重要因素是他们的生理成熟。不论经济条件、文化教育水平如何，全世界各民族的男女儿童基本上都应该以同样的顺序获得各种动作。但跨文化研究的结果却对此提出了挑战。研究发现，婴儿的动作发展在很大程度上受父母教养活动的影响。例如，肯尼亚的吉普斯吉人通常努力促进婴儿动作技能的发展。在婴儿8个星期大的时候，他们的父母就会双手夹着婴儿的腋窝，推着婴儿向前让他们做行走练习。在出生后的头几个月内，婴儿被放在一些浅洞里，这些浅洞的四壁可以支撑婴儿的后背，使他们保持一种向上的姿势。由于这些经验，吉普斯吉人的婴儿比大部分国家的婴儿早坐立大约5个星期，早行走大约1个月。

有研究者比较了英格兰白人婴儿和从牙买加移民到英格兰的黑人婴儿的动作发展。他们发现，黑人婴儿更早地表现出坐、爬和走等重要动作技能。为什么会出现这种情况呢？原来牙买加的母亲有一套传统的抚养方式。这些做法包括按摩婴儿、伸展他们的四肢，以及经常抓住他们的胳膊轻轻地上下摇动等等。牙买加的母亲希望婴儿的动作发展能够更早一些，她们的这些做法的确也帮助婴儿达到了上述目的。

表 2-1　3 岁前儿童全身发展顺序表

大动作项目	常模年龄	成熟早期年龄	成熟中期年龄	成熟晚期年龄	大动作项目	常模年龄	成熟早期年龄	成熟中期年龄	成熟晚期年龄
俯卧抬头稍起	1.2	—	—	2.0	扶一手走步	11.8	9.1	10.7	12.7
俯卧抬头与床面成 45°角	3.6	2.1	3.2	4.0	独走几步	13.7	11.2	12.7	15.0
					扶物能蹲	11.1	8.2	9.8	11.9
俯卧抬头与床面成 90°角	3.8	2.9	3.5	4.5	自己能蹲	13.9	11.2	12.6	14.8
					会跑不稳	16.7	14.0	15.2	17.7
抱直头转动自如	3.3	2.0	2.9	3.7	跑能控制	19.8	15.6	18.3	20.7
仰卧翻身	4.2	3.1	3.7	6.8	自己上下矮床	20.0	14.6	17.1	22.8
扶坐竖直	4.9	3.1	4.2	6.3	双手扶栏上下楼	19.3	15.0	18.1	20.5
独坐前倾	5.2	3.2	4.5	5.9	一手扶栏上下楼	23.9	19.4	22.7	28.2
独坐	6.5	4.7	8.1	6.9	不扶栏上下楼	28.1	21.5	26.1	33.7
自己会爬	9.3	5.9	8.2	10.2	双脚跳	26.7	21.3	24.0	29.5
从卧位坐起	9.7	6.9	8.6	11.4	独脚站	33.4	23.6	29.5	—
扶腋下站立	4.7	3.3	4.2	5.4	踢球	17.6	15.0	16.7	21.2
扶双手站	7.7	5.1	6.6	8.9	从楼梯末层跳下	31.7	24.3	29.1	34.4
扶一手站	10.1	7.0	9.5	10.9	跳远	30.5	24.1	23.2	35.5
独站片刻	11.9	9.2	11.2	13.3	手臂举起投掷	29.3	23.6	27.4	33.7
扶双手走步	9.8	7.1	9.3	11.0	能组织活动	27.1	21.6	25.0	29.4

注：表中的"年龄"单位为"月"。

第三节　哪些因素会影响儿童的生理发展？

每个父母都希望拥有一个健康的宝宝。但要想真正保证孩子的健康成长并不是一件容易的事。尤其是对于襁褓中的婴儿来讲，他们自身对自己的保护力是有限的。因此，外界的抚养和照顾显得尤其重要。当然，我们不能排除遗传的重要作用。在很大意义上,儿童的身体发育是遗传和环境复杂作用的结果。

1. 母孕期环境对儿童发展的影响

对于大部分新生儿来说,他们都会顺利地通过孕期的发展,但有些新生儿生下来就伴随着某种不正常的情况。致使他们产生问题的原因不是先天的基因遗传,而是在母孕期间一些不良的环境作用导致了他们发展的异常。这些导致胎儿发育受损的因素统称为致畸因素。这些年来,越来越多的致畸因素浮出水面,以至于现在很多父母都格外担心他们未出生的孩子会面临这样或那样的危险。需要指出的是,致畸因素并没有想象中的那么恐怖,95%的新生儿是非常正常的,而那些出生时带有缺陷的婴儿大多也只是有一些轻微的、暂时的或者是可以治疗的问题。因此,也没必要危言耸听。下面我们就来看一下哪些因素会影响胎儿的正常发展。

1.1 母亲的年龄

多大年龄的女性适合成为一名母亲呢?研究表明,女性生孩子最安全的时间一般在16—35岁。年龄太小生育,胎儿体重过轻、神经缺陷的可能性增加,这是婴儿死亡的主要原因。而且年轻母亲分娩困难的概率要高于正常孕妇。而如果生育时的年龄过大,那么自发性流产的概率就会提高。而且大龄产妇出现其他并发症的危险也比较大。图2-11反映了母亲怀孕的年龄与胎儿或新生儿死亡的危险之间的关系。

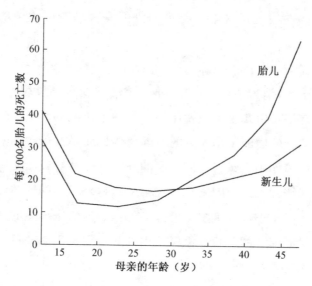

图 2-11 母亲怀孕的年龄与胎儿或新生儿死亡的危险之间的关系

1.2 母亲的疾病

母亲在怀孕期间生病,很有可能会对胎儿造成不良的影响。因为很多疾病都可以穿越胎盘的屏障,到达胎儿的体内,而此时的胎儿免疫系统尚未成熟,不足以抵抗外来的感染。人类历史上曾经发生过一系列的惨剧。如 1941 年,澳大利亚医生格里格发现,许多患有风疹的母亲生出来的孩子眼睛是瞎的。在格里格之后,陆续又有报告发现患有风疹的病人所生的孩子总是有这样或那样的缺陷,他们有的是盲童,有的是聋童,还有的智力低下或者心脏出现异常。影响胎儿正常发展的传染性疾病有很多,其中,有一种传染性疾病比较常见,危害性也很大,那就是弓形体病。一些孕妇如果误食了未煮熟的肉或者因为接触家畜和宠物的粪便而感染了这种寄生虫,那么就有可能导致胎儿的眼睛和大脑产生严重的伤害,如果在怀孕的晚期感染，则有可能导致孕妇流产。

1.3 药物

人们很早就在怀疑药物会对胎儿产生严重的危害，现在的研究表明，这些怀疑大多都是正确的。但不幸的是，人们的这些认识是以一次次惨痛的代价换来的。

1960 年，西德的一家医药公司向市场投放了一种镇静剂。这种药物可以有效地缓解孕妇在怀孕期间的恶心、呕吐等症状，并且可以帮助孕妇改善睡眠。这种药物在投放之前在老鼠身上做过反复的实验，研究结果表明，该药物无论是对母鼠还是其后代都没有任何不良的影响。这种药物叫做反应停。

惨剧很快发生了，在西德，上千名服用反应停的孕妇生出了可怕的畸形儿。这些孩子或是耳鼻发育不完全，或是心脏功能出现问题，最典型的是四肢特别短，上肢表现为桡骨、尺骨可以完全不存在，手好像直接从肩部长出。这就是历史上有名的"反应停惨剧"。

图 2-12 "反应停"惨剧

虽然现在反应停这种药物基本上已经远离了人类,但是仍然有 60%的孕妇在怀孕期间服用过一种或一种以上的药物。这些药物同样有可能会影响胎儿的正常发育。如有研究发现,大剂量的阿司匹林与胎儿生长受阻、动作控制较差以及婴儿死亡有关。大剂量服用该药物可能会导致死胎。

当然,在恰当的医疗指导下,用来治疗母亲疾病的药物对胎儿来说通常都是安全的。但是一再发生的不幸不断在提醒我们,母亲在怀孕期间应该限制或减少所有药物的使用。

还有一些类似于药物的物质同样值得关注,如烟和酒。研究发现,母亲在怀孕期间吸烟会增加自发性流产的概率,而且也容易出现正常婴儿夭折的危险。如果是父亲吸烟,同样会导致新生儿的体型小于正常的水平。因为母亲和吸烟者住在一起,是"被动的吸烟者",她所吸入的尼古丁和二氧化碳同样可以阻碍胎儿的发育。酒是另外一种应与孕妇远离的物质。研究发现,母亲酗酒很容易使胎儿患上胎儿酒精综合症。这种疾

图 2-13 母亲饮酒导致的胎儿酒精综合症

病的典型特征就是一些生理缺陷，例如头小畸形、心脏畸形和肢体、关节、面部畸形。患有该症的婴儿一般比正常婴儿更小、更轻，富有攻击性，而且智商要低于平均水平。因此，对于孕妇来讲，怀孕期间应该远离烟和酒。

1.4 母亲的情绪

母亲怀孕期间有所谓的喜怒哀乐是再正常不过的事情了，一般来讲，这些自然的、短暂的情绪状态不会对胎儿产生消极的影响。但是如果母亲在怀孕期间受到了直接的、重大的精神刺激，譬如说，丈夫亡故或是遭丈夫遗弃，或是长时间的紧张不安、焦虑，或是夫妻关系不和，这都会影响母亲内分泌的紊乱。一些伴随情绪而产生的激素就会通过胎盘传递给胎儿，从而对他们造成不利的影响。

捷克的学者曾经进行过一项有趣的研究，他们比较"计划内怀孕"的孩子和"计划外怀孕"的孩子在身心发展方面的差异。研究发现，这两类孩子在出生时都是健康的。研究者对这些孩子进行了为期9年的追踪，发现"计划外"的孩子去医院看病的次数明显高于"计划内"的孩子，而且他们和同伴的关系不佳，很敏感，容易被激怒。研究者认为，母亲对于"计划内怀孕"的孩子往往是持一种乐观、期待的心态，而"计划外怀孕"的孩子则没有那么幸运，母亲通常在物质和心理上准备不足，有一部分母亲甚至可能在内心深处对即将到来的孩子有一种抵触的情绪。正是由于母亲对"计划外"孩子缺乏积极的情感，从而对孩子以后的发展造成了长期的不良影响。

或许有人会觉得，既然消极的情绪有这么大的不良影响，那我在怀孕期间努力让孕妇开心，天天放声大笑是不是会好一些？研究发现，结果并非如此。孕妇在怀孕期间体验到的极端的积极情绪和极端的消极情绪对胎儿的影响都是不利的。因此，保持孕妇平和的情绪状态对胎儿的健康成长有着重要的意义。

图 2-14 母亲良好的心情对孩子很重要

尽管我们在前面提到过，95%以上的新生儿都是健康的。但是我们同样不能掉以轻心，有很多的因素都可以影响到胎儿的健康成长。因此我们认为，为了尽可能生出正常、健康、没有生理缺陷的孩子，不管怎么小心都不为过。

2. 婴幼儿期环境对儿童发展的影响

在顺利生下健康而又可爱的宝宝之后，父母们开始关心如何促进孩子的健康成长。这其中，有三类环境因素会对儿童的生长和发育产生重要的影响。这三类因素是：营养、疾病和情绪健康。

2.1 营养

饮食可能是影响儿童成长发育的最重要因素。在饮食方面，婴幼儿面临着两大风险，一是营养不良，二是营养过剩。营养不良的孩子多数生长缓慢。有研究者比较了二战前后与二战中出生的孩子的身高，研究发现，无论是战争前出生的孩子还是战争后出生的孩子，其身高都要高于战争中出生的孩子。之所以会产生这样的现象，是因为战争中食物相对匮乏，不能够满足孩子对营养的需要。

对于营养不良的儿童来说，如果这种营养不良的状态并没有持续太长的时间，那多数情况下都可以弥补过来。而对于长期营养不良的儿童来说就没有那么幸运了。如果营养不良持续的时间过长，将会带来严重的后果。特别是在出生后前5年内出现营养不良的情况，儿童的大脑发育可能会受到严重的影响，而且往往身材比较矮小。对于目前我国的现状来讲，大部分地区都可以保障儿童蛋白质和热量的供应。这时应该特别注意的是维生素和矿物质的缺乏，例如在婴幼儿中特别普遍的是缺铁和缺锌，因为在生命早期儿童对这些物质的需要量超出了一般儿童饮食所能提供的量。长期维生素和矿物质缺乏的儿童容易患各种疾病，这些疾病可能会影响儿童的智力发育，并阻碍儿童的身体发育。

营养方面另外一个问题，也是近年来备受关注的问题，是营养过剩的问题。营养过剩的最直接影响就是儿童变得肥胖，并且增加了患糖尿病、高血压、心脏病、肝病和肾病的危险。心理方面的影响表现在，肥胖的小孩可能会更难以交到朋友，而且存在被同伴歧视和嘲笑的危险。

儿童的肥胖一方面有遗传的原因在，但更重要的是后天环境的影响。尤其是生命早期不良饮食习惯的养成对此负有一定的责任。现实生活中，我们经常看到，一些父母总是给婴儿吃得过多。因为在他们的眼中，只要婴儿哭闹，那一定是饿了。还有些夫妇采取了一些不当的行为，强化了孩子的不良饮食习惯。有些父母用食物作为手段来强化孩子好的行为，如"你要是能把自己的房间整理好，就会有冰激凌吃"。还有的父母是通过孩子喜欢吃的东西来贿赂孩子,以达到让他们吃不想吃的东西的目的,如"你要是把这份青菜吃了,我就给你买可乐"。在这种情况下,儿童往往会把那些高脂肪的甜点和零食作为健康的好的食品,而把在引诱或贿赂下才吃的健康食品当成垃圾食品。

图 2-15 儿童肥胖已经成为全球关注的热点

2.2 疾病

疾病对儿童的影响往往是伴随着营养问题而出现的。对于营养充足的儿童来说,短时间的儿童疾病并不会对他们造成不可逆转的深远的影响。在他们身体恢复之后,儿童一般会出现生长加速的现象,以弥补他生病时所落下的差距。但如果伴随着中度或重度的营养不良,那疾病对儿童生长的影响就可能是永久性的了。

疾病和营养不良的关系是相辅相成的。一方面,营养不良的儿童更容易患各种疾病。另一方面,疾病也是营养不良的主要原因。疾病降低食欲,同时限制了身体吸收营养的能力。我们以腹泻为例。这是一种经常发生在儿童身上的疾病,单单这一种疾病每年就导致了数百万人的死亡。严重的腹泻会引起发育的迟滞甚至死亡,在智力方面的成熟水平也较之正常儿童低。

2.3 情绪健康

很少有人会把爱和鼓励作为健康身体生长的必要因素,但事实是,它们和食物一样的重要。那些身体虽然健康,但承受太多的情感压力,获得关爱比较少的儿童在身体生长和动作发展方面可能会远远落后于他们的同伴。有两种严重的生长紊乱就是由于缺乏关爱产生的。一种是非器质性的发育不良,一种是剥夺性侏儒症。

非器质性发育不良通常出现在 18 个月的时候。患有这种病症的儿童表现出生长的停滞,日渐消瘦。这些婴儿并没有患有明显的疾病,也没有其他明显的生理方面的原因。导致这种情况发生的原因在于抚养中看护者关爱的缺失。譬如在喂东西、换尿布以及游戏的时候,这些婴儿的母亲看起来冷漠、疏远,有时候又表现出不耐烦、不友好的情绪。这样的行为会导致婴儿的退缩、冷漠,最终会导致饮食不良。

剥夺性侏儒症是第二种与情感缺失有关的生长障碍。这种病症通常出现在 2—15 岁之间,最显著的特点是身高远低于平均身高。患此病的儿童看起来在营养供给方面没有任何的问题,在生理上也没有明显的缺陷。导致这种疾病的原因在于,抚养者在抚育过程中与婴儿的情感交流不足。这种情感的剥夺影响了他们的内分泌系统,抑制了生长激素的产生。

总而言之,儿童要想健康地成长,除了适度而又均衡的营养之外,更需要关爱和及时的照顾。一个婴儿的心理和生理发育是否健康,在很大程度上取决于其父母是否心身健康,并且是否了解有关抚养的相关知识。

狼孩和猪孩的故事

1920年的一天,在印度加尔各达西南的一个小城附近,一位牧师救下了两个由狼抚养长大的女孩儿。这两个女孩,大的大约七八岁,起名为卡玛娜,活到了17岁;小的不到两岁,不到一年后就死在了孤儿院里。卡玛娜不喜欢穿衣服,给她穿上衣服她就撕下来;用四肢爬行,喜欢白天缩在黑暗的角落里睡觉,夜里则像狼一样嚎叫,四处游荡,想逃回丛林。她有许多特征都和狼一样,嗅觉特别灵敏,用鼻子四处嗅闻寻找食物。喜欢吃生肉,而且吃的时候要把肉扔在地上才吃,不用手拿,也不吃素食。牙齿特别尖利,耳朵还能抖动。她15岁时的智力水平大致相当于三岁半的儿童。

20世纪80年代初在辽宁省一个偏僻的山村里,人们发现了一个特殊的儿童。由于她的许多生活习性与猪很相似,因此被人们称之为"猪孩"。当人们发现她时,她已经11岁了,其发育状况和面貌都与正常儿童一样。"猪孩"喜欢趴在猪身上玩耍,给猪瘙痒,等猪吃饱后,她就躺在猪的身边,大口大口地吸猪奶。而且,在平常她会像猪一样轮流用双腿互相蹭拱,睡觉时也和猪一样"呼噜""呼噜"地打着呼睡。心理学家们对11岁的"猪孩"进行了智力测验,结果发现,她的智力水平只相当于三岁半的儿童。

从狼孩、猪孩的产生,到古今中外人为造成的低能儿,可以看出,一个人如果自幼失去早期教育的机会,以后再要进行智力恢复训练就相当困难。这是因为,大脑的生长发育和脑细胞的分化，有其最佳时期，过了这个时期就难以补偿。英国曼彻斯特大学研究者说，胎儿20周至出生一岁半，是大脑生长发育最关键的时期，错过这段早期教育时期，就难以奏效。美国心理学家布鲁姆斯的研究表明，小儿4岁以前的智力发育，占整个人生的50％。

第三章 "从混沌到有序"
——儿童感知觉和认知的发展

> 感觉是我们的盔,才智是盔上的羽毛,羽毛是一种装饰,头盔却能保护脑袋。
>
> ——爱·扬格

> 对所有的人来说,思想和行为都源于一个出处,这个出处就是感觉。
>
> ——爱比克泰德

在20世纪,人们关于婴儿的一些观点发生了巨大的变化。很长一段时间以来,人们都相信刚出生的婴儿只是一个被动的而且是肌体功能不完全的生物体。著名的心理学家威廉·詹姆士在描述婴儿的世界时,用了这样一句话来形容儿童眼中的世界："一个繁盛的、闹哄哄的混乱状况。"然而随着研究技术和手段的不断革新，研究者们已经能够对婴儿进行某些方面的测试，测试的结果令人大吃一惊：婴儿身上具有惊人的感觉和知觉能力。从某种意义上讲，婴儿远比我们想象的"有能耐"。

第一节 儿童感观世界发展的奥秘

突然间一块空间伸了出来。它是一个柱子，细而整齐。它静静的竖着，唱出了欢快愉悦的音乐。现在，来自附近的不同音调飘了进来。附近有另外一个立体的柱子，它也唱着歌——但与第一个是和谐一致的。这两个旋律以紧密的二重唱的形式交织在一起，一个音调响亮，另一个平静。然后从其余某地响起了一种不同的音调。一颗流星闪过，迅速地消失了（Stern，1990）。

这是一段来自婴儿的日记，作者想描述的是如下的情况：一个6周大的婴儿转过头来看见第一个小床栏杆，然后又看见另外一个栏杆。婴儿的手穿过他的视线，婴儿把它当成了流星。

长期以来，人们千方百计地想知道，在婴儿的眼中，这个世界是个什么样子。他们能看到什么，他们如何来处理信息。对于一个已经会说话的儿童来说，回答这些问题并不困难，他们完全可以用语言报告自己看到的一切。但是，对于一个还不会用语言表达自己感觉经验的新生儿来说，我们如何来了解他们的真实感受呢？一些研究者设计了精妙的实验来探查儿童，尤其是婴幼儿感知能力的发展。

一、评定新生儿感觉的几种方法

1. 视觉偏好研究

所谓的视觉偏好研究其实是一个非常简单的测验程序。在这个程序中,研究者给婴儿同时呈现两种或两种以上的刺激,通过记录婴儿对每一个刺激的注视时间来判断婴儿对其中的哪一个刺激更感兴趣。这种研究方法最早是在20世纪60年代由Robert Fantz提出的,Fantz最早使用这种方法来研究婴儿能否辨别视觉图案。譬如,他给婴儿同时看人脸图案、同心圆图案和报纸等,考察婴儿对哪一种图案更感兴趣。Fantz特地设计了一间观察的小屋子,婴儿躺在小床上,眼睛可以看到挂在头顶上方的物体。观察者则通过小屋顶部的窥测孔,记录婴儿注视每一个物体所花的时间。

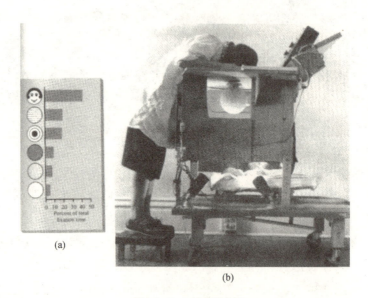

图 3-1 Fantz 的观察小屋

如果婴儿对某一对象的注视时间比较长，那说明婴儿对这个对象表现出了偏好。偏好的出现说明了两个问题：第一，婴儿能够对这两个刺激做出区分。第二，婴儿对这两个刺激的喜欢程度是不一样的。Fantz 早期的实验研究清楚地表明，新生儿能够轻松地分辨视觉图形，他们更喜欢有图案的刺激，而对称性的刺激更能够吸引婴儿的注意。

然而，视觉偏好法也存在一个很大的缺陷，那就是当婴儿没有表现出对某一对象的偏好时，研究者就无法确认婴儿是因为不能分辨，还是因为他们对这些对象的兴趣是相同的。不过，其他的研究者发明了更为精巧的研究方法，从而克服了这一不足。

2. 习惯化与去习惯化的研究方法

对一个人来讲，当遇到新的刺激时，往往会被其吸引，婴幼儿也不例外。当婴幼儿的眼前出现一种新颖的刺激时，他们会被这种新颖的刺激吸引，从而导致注意力转向这个物体，其他正在进行的活动立即停止，这在心理学上称之为定向反射。但是当这种新颖的刺激反复出现时，婴幼儿就会变得熟视无睹，定向反射出现的次数就会降低，直至完全消失。这个过程可以称之为习惯化的过程。在婴幼儿已经对某种刺激形成习惯之后，又出现了一个新的刺激，如果这时婴幼儿又产生了定向反射行为，这说明婴幼儿能够将新的刺激和旧的刺激加以区分。这种现象称为去习惯化。

习惯化与去习惯化的研究方法被广泛应用于儿童，尤其是婴幼儿感知能力发展的研究中。如研究者想知道五六个月大小的婴儿能否区分出婴儿照片和秃顶男人照片。在研究的第一阶段，研究者向婴儿呈现婴儿的照片。由于这个视觉刺激比较新奇，他们的心率会变慢。看的时间越来越长，婴儿对这幅图片已经习惯了，这时婴儿的心率会恢复到正常的水平。这时进入第二阶段，研究者向被试呈现一张秃顶男人的照片。新的刺激的出现导致婴儿再次发生定向反射，表现出心率再次降低。研究人员从而可以断定，婴儿能够对这两种图片进行分辨。

下面我们一起看看，通过这些富有创造性的研究方法，研究者们对婴儿的感知觉能力有了哪些了解。

二、视觉

刚出生的婴儿，其视力是比较差的，因为他们对于晶状体的调节还不是很习惯。在他们的眼中这个世界是非常模糊的，成人在 200 或 600 英尺看得清的东西，婴儿要移近到 20 英尺处才能看清。因此，在新生儿的眼中，妈妈的脸是模糊不清的。婴儿发展到 3 个月大的时候开始像成人那样对物体聚焦。6 个月大的婴儿，视力水平相当于成人的 1/10。等儿童长大到 2 岁时，他们的视力才接近成人的水平。

A. 新生儿看到的图像　　　　B. 成人看到的图像

图 3-2　新生儿与成人的视觉比较

在新生儿的眼中，这个世界是彩色的还是黑白的呢？有研究采用习惯化的研究方法，发现新生儿看到的世界是彩色的。但是他们似乎很难对具体的颜色，如蓝色、绿色、黄色和白色等，作出区分。当然，这段时间并没有持续太长的时间，等到婴儿 2 到 3 个月的时候，他们就能够分辨所有的基本颜色了。

总而言之，婴儿在出生后不久，就可以用眼睛来观察周围的世界，只不过还没有达到最高的水平。这段时间最多持续到婴儿 2 岁的时候，等到了 2 岁，婴儿的视力就和成人相差无几了。

三、听觉

最近的研究发现，不仅新生儿有听觉，甚至连胎儿都有听觉。研究表明，怀孕 28 周的胎儿，在听到声音后，会紧紧地闭起眼睑。胎儿对音乐似乎也表现出一定的喜好，有研究者研究发现，胎儿更喜欢莫扎特的音乐，而不是摇滚乐。这样的研究结果，为胎教提供了一定的理论基础。研究发现，给胎儿"听"一些适当的音乐的确可以帮助胎儿舒缓紧张。但媒体也有报道，劣质的胎教音带可以导致胎儿耳聋。

新生儿生来就能对母亲的声音作出反应，但其听力的水平和成人相比还有一定的差距。对于一些微弱的声音，成人可以听见，但新生儿却不会

图 3-3 婴儿很早就会对人类的声音作出反应

作出任何的反应。对这种现象的一种解释认为,出生过程中体液灌进新生儿的内耳,从而导致听力水平的降低。总而言之,相对于视力来讲,新生儿的听觉能力已经得到了相当好的发展。

新生儿喜欢听什么样的声音呢?研究发现,他们似乎更喜欢听声音,而不是其他的响声。尤其是女性的声音,他们似乎更感兴趣。那么,新生儿能不能辨认出妈妈的声音呢?研究得出的结论是肯定的。新生儿听到母亲的录音时比听另外一个女性的录音时,吸奶嘴的速度会更快,更为有力。新生儿对母亲声音的偏好,对于他们来讲具有重要的意义,因为这样会鼓励母亲更多地和自己交谈,提供更多的关注和爱,有助于发展自己的情感和智力。

四、味觉和嗅觉

刚刚出生的宝宝有味觉和嗅觉吗?虽然我们不能设身处地地了解他们的感受,但通过他们的行为表现,我们可以推断出他们可以分辨出不同的味道和气味。

婴儿似乎生来就喜欢喝甜的液体。他们在喝到甜的液体时会长时间地不停吸吮,这和他们喝水的时候表现完全不同。另外,我们从婴儿的面部表情中也可以推断他们对味道的识别能力。当他们面对甜的东西时,新生儿会放松面部的肌肉。而对酸的东西通常会噘起小嘴,苦的东西则会让他们露出厌恶的表情。他们会嘴角向下撇,吐舌头,甚至吐口水。所有这一切都表明,新生儿已经可以识别基本的味道。

和味觉一样,新生儿身上同样拥有很强的气味辨别能力。譬如说,香蕉的气味会导致婴儿放松和愉悦表情的出现,而坏鸡蛋的味道则会让他们双眉紧锁。这其中,他们对母亲气味的识别尤其明显。研究发现，在母乳喂养下长大到 1—2 周的婴儿，已经能够通过乳房和腋下的气味认出自己的母亲。这对于婴儿的生存显然具有重要的意义。

第二节 儿童知觉发展的规律

新生的婴儿是如此的弱小，以至于很多父母都怀疑，这个小家伙究竟能在多大的程度上认识这个世界。很多儿童心理学家起初也抱有一种悲观的观点，但近年来的研究则表明，婴儿的知觉能力远比我们过去所想象的多得多。

一、深度知觉

婴儿能判断距离、知觉深度吗？为了找到这一问题的答案，研究者设计了一个叫做"视觉悬崖"的装置来对婴儿进行测试。视觉悬崖是一个一面盖着玻璃，中间由一个隔板分开的大桌子。在"浅"的那边，一个棋盘图案的活动板被直接放在玻璃的下面。而在"深"的那边，活动板放在玻璃下面相距几英寸的地方，这样就会产生陡峭的悬崖的幻觉。研究者将婴儿放在活动板的位置上，让妈妈在对面想办法哄婴儿爬过视觉悬崖的深浅两部分。研究结果发现，36 名婴儿被试中有 27 名愿意从中央板爬过"浅滩"来到母亲的身边。而只有 3 名"冒险者"爬过了悬崖。大多数婴儿见到母亲在悬崖一边招呼时，不是朝母亲那边爬，而是朝离开母亲的方向爬，还有一些婴儿哭了起来。这个实验表明，婴儿很早就已经能够知觉深度了。

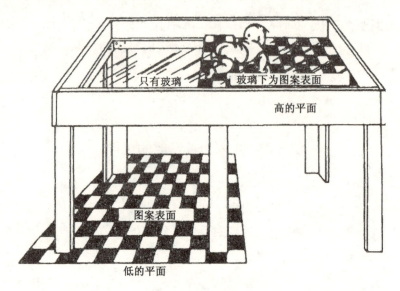

图 3-4 视觉悬崖实验

但是上面的实验仍然不能告诉我们深度知觉是不是天生的,因为在上面的实验中,参加实验的婴儿都已经能够爬行了,换句话说,至少已经有 6 个月大了。他们的深度知觉很有可能是在出生后的 6 个月里学会的。为了解决这一问题,有研究者采用了更为灵敏的技术来研究婴儿的深度知觉。他们的实验对象缩小到 2—3 个月甚至更小的婴儿。做法是测定婴儿被放在"浅滩"和"悬崖"两边时的心率变化。研究结果发现,这个年龄阶段的婴儿被放在"悬崖"一边时,心跳速度就会减慢,而放在浅滩一边时,心跳速度并没有减慢,这很可能是由于婴儿把悬崖作为一种好奇的刺激来辨认。如果把 9 个月的婴儿放在"悬崖"一边时,他们心跳的速度不是减慢而是加快了,因为经验已经使他们产生了害怕的情绪。

二、方位知觉

方位知觉就是对物体所处的方向的知觉，如对前后、左右、上下以及东南西北的知觉。研究表明，3岁儿童已经能够分辨上下方位，4岁儿童已经能够辨别前后方位，5岁开始能以自身为中心辨别左右方位，而6岁儿童能完全正确地辨别上下前后四个方位。

物体的方位总是相对的，它因所参照的客体不同而有所不同。譬如说凳子上放书，书上放笔。我们可以说，书在凳子的上面，也可以说书在笔的下面。但对于儿童来说，对于方位相对性的认识有一个发展的过程。我们以左右为例，儿童左右概念的发展要经过三个阶段：

第一阶段（5—7岁）：能比较固定地辨认自己的左右方位。他们已经能够辨认自己的左右手，但要他们辨认对面人的左右手却显得有些困难。

第二阶段（7—9岁）：初步地掌握左右方位的相对性。这个年龄阶段的儿童不仅能以自己的身体为基准辨别左右，也开始能够以别人的身体为基准辨别左右。但这种辨别通常要以自己的动作为参照，而且常常会犯错误。

第三阶段（9—11岁）：能够比较灵活地掌握左右概念。在这个阶段，儿童已经能够准确地指出三个并排放着的客体的相对位置。譬如说，他们可以很清楚地指出，物体A在物体B的左边，在物体C的右边。

由于方位知觉的形成有一个发展的过程，我们在日常生活中经常能观察到儿童一些有趣的错误，譬如"d"与"b"、"p"与"q"不分，把"9"写成"6"等等。

三、跨通道知觉

跨通道知觉是指儿童把不同的感觉信息结合起来知觉的能力。这种能力在婴儿很早就已经表现出来了。比如说，2—3个月大的婴儿就会自动地将头转向声音发出的地方，他们在看到身边有趣的东西时也会伸手去抓。这些行为表现说明他们知道物体的声音、形象以及能够被触摸到是相互联系在一起的。研究人员曾经对1个月大的婴儿作过一个非常有趣的实验。

研究者将一个表面光滑或粗糙的奶嘴放在婴儿的嘴里，让婴儿吸吮，然后再向婴儿呈现两个奶嘴，婴儿对自己曾经吸吮过的奶嘴（不管是光滑的还是粗糙的）注视的时间更长，换句话说，他们知道哪个奶嘴是他们曾经吸吮过的。这表明他们能够把自己嘴上的触觉和视觉形象联系起来。

跨通道知觉的能力随着儿童年龄的增长会进一步完善起来，如3—4个月的婴儿已经能够将一个成人说话时的嘴唇形状和抖动速度跟他说话所发出的声音联系起来。7个月大的婴儿能够将高兴和生气的语气和说话者的面部表情联系起来。婴儿的这种跨通道的知觉能力对儿童的发展来讲是非常有意义的，它可以帮助婴儿更好地理解身边混乱的、无序的刺激，从而避免自己内心的模糊和混乱。

第三节 儿童如何认识外部世界？

人的心理现象是一个五彩缤纷、异常复杂的系统。在众多的心理现象中，最基本的心理过程是认知过程。认知是指人对客观世界的认识，它包括感知觉、记忆、注意、思维等心理过程。儿童心理学对认知发展的研究着重要解决两个问题：（1）描述儿童的认知功能是如何随年龄的变化而发展的；（2）说明或揭示儿童认知发展的因素或机制。对这两个问题的研究，贡献最大的，首推瑞士发展心理学家皮亚杰。在本节我们主要介绍一下皮亚杰是如何来看待儿童的认知发展的。

1. 皮亚杰的发展观

人类的认识究竟是如何形成的？这一问题事实上是皮亚杰研究最为关心的问题。经过多年观察研究的结果，皮亚杰提出了系统的理论解释。他认为智能发展的内在动力是一种失衡状态，这种失衡可能是内部的失衡，也有可能是人的认识与外界环境之间的失衡。因为失衡的存在，所以就产生了一种寻求平衡的心理状态，从而产生适应。按照皮亚杰的解释，每个人都有自己的认知结构，皮亚杰称之为图式。当一个人面临挑战的情境或者问题的情境时，他的第一步适应方式，就是拿已有的认知结构与之核对，就是说试图用已有的经验来解释新经验。这一过程称之为同化。如果已有的认知结构不能对新的事物进行解释，那就形成了心理上的失衡状态。为了避免失衡，就需要改变或扩大原有的认知结构，以适应新的情境。这一过程称之为顺应。顺应是为了弥补同化的不足，而使自己的认知结构改变与扩大的过程。认知结构的不断改变与扩大，也就是人智能发展的历程。

我们用一个例子简单解释一下皮亚杰的发展观。譬如说，对许多 3 岁的儿童来说，太阳是活的，因为它在每天早晨升起，晚上落下。根据皮亚杰的观点，儿童之所以会有这样的认识，是因为他们头脑中会有这样的认知结构，即任何能动的事物都是活的。以后，当儿童遇到其他能动的事物时，他都会试

图 3-5 发生认识论的提出者：皮亚杰

着用这一认知结构来解释一些现象，譬如说，他们会说风车是活的。这就是同化的过程。然而，儿童最终会遇到一些可以运动，但肯定不是活的事物。例如，一架纸飞机，在折叠之前只不过是一张纸而已。这时候，在儿童的理解和事实之间就产生了矛盾，也就是皮亚杰所说的失衡。在这种情况下，"运动的事物就是活的"这一认知结构就显然需要调整和修改，这就是顺应的过程。顺应的结果可以使儿童对生命体和非生命体的区分有着更好的理解。这时候，儿童达到了一定程度的平衡。

皮亚杰认为，我们就是依靠同化和顺应这两个相辅相成的过程来适应环境。适应的结果导致儿童的图式从简单到复杂不断的变化，也就是说，他们从认知发展的一个阶段发展到了一个更高的阶段。

2. 皮亚杰的认知发展阶段理论

皮亚杰将儿童从出生后的认知发展分为四个主要阶段：（1）感知运动阶段（出生—2岁左右）；（2）前运算阶段

(2—7岁);(3)具体运算阶段(7—11岁);(4)形式运算阶段(11、12岁以及以上)。这些阶段构成了皮亚杰认知发展阶段理论的主要内容。

2.1 感知运动阶段(出生—2岁左右)

自出生至2岁左右,是认知发展的感知运动阶段。在此阶段的初期即新生儿时期,婴儿所能做的只是为数不多的反射性动作,通过与周围环境的感觉运动接触来认识世界。也就是说婴儿仅靠感觉和知觉动作的手段来适应外部环境。这一阶段的婴儿形成了动作格式的认知结构。

皮亚杰将感知运动阶段根据不同特点再分为六个分阶段。从刚出生时婴儿仅有的诸如吸吮、哭叫、视听等反射性动作开始,随着大脑及机体的成熟,在与环境的相互作用中,到此阶段结束时,婴儿渐渐形成了有组织的活动。下面简介六个分阶段。

图3-6 "我是用嘴巴来认识世界的!"

2.1.1 第一分阶段（反射练习期，出生—1个月）

婴儿出生后以先天的无条件反射适应环境，这些无条件反射是遗传决定的，主要有吸吮反射、吞咽反射、握持反射、拥抱反射及哭叫、视听等动作。通过反复地练习，这些先天的反射得到发展和协调。皮亚杰详细观察了婴儿吸吮动作的发展，发现吸吮反射动作的变化和发展。例如母乳喂养的婴儿，如果又同时给予奶瓶喂养，可以发现婴儿吸吮橡皮奶头时的口腔运动截然不同于吸吮母亲乳头的口腔运动。由于吸吮橡皮奶头较省力，婴儿会出现拒绝母乳喂养的现象，或是吸母乳时较为烦躁。从中也可以看出婴儿在适应环境中的智力增长：他愿吸省力的奶瓶而不愿吸费力的母乳。

2.1.2 第二分阶段（习惯动作和知觉形成时期，1—4个月）

在先天反射动作的基础上，通过机体的整合作用，婴儿渐将个别的动作联结起来，形成一些新的习惯。例如婴儿偶然有了一个新动作，便一再重复。如吸吮手指、手不断抓握与放开、寻找声源、用目光追随运动的物体或人等等。行为的重复和模式化表明动作正在同化作用中，并开始形成动作的结构。由于行为并没有什么目的，只是由当前直接感性刺激来决定，所以还不能算作智慧行动。

2.1.3 第三分阶段（有目的动作逐步形成时期，4—9个月）

从4个月开始，婴儿在视觉与抓握动作之间形成了协调，以后儿童经常用手触摸、摆弄周围的物体，这样一来，婴儿的活动便不再限于自身，而开始涉及对物体的影响，物体受到影响后又反过来进一步引起婴儿对它的动作，这样就通过动作与动作结果造成的影响使婴儿对外部事物发生了循环联系，最后渐渐使动作（手段）与动作结果（目的）产生分化，出现了为

第三章 "从混沌到有序"

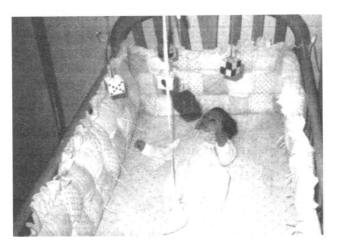

图 3-7 婴儿有目的的动作开始形成

达到某一目的而行使的动作。例如一个多彩的响铃,响铃摇动发出声响引起婴儿目光寻找或追踪。这样的活动重复数次后,婴儿就会主动地用手去抓或是用脚去踢挂在摇篮上的响铃。显然可以看出,婴儿已从偶然地无目的摇动玩具过渡到了有目的地反复摇动玩具,智慧动作开始萌芽。但这一阶段目的与手段的分化尚不完全、不明确。

2.1.4 第四分阶段(手段与目的分化协调期,9—11、12个月)

婴儿的动作目的与手段已经分化,智慧动作出现。如儿童拉成人的手,把手移向他自己够不着的玩具方向,或者要成人揭开盖着玩具的布。这表明儿童在作出这些动作之前已有取得物体(玩具)的意向。随着这类动作的增多,儿童运用各动作格式之间的配合更加灵活,并能运用不同的动作格式来对付遇到的新事物,就像以后能运用概念来了解事物一样,婴儿用抓、推、敲、打等多种动作来认识事物,表现出对新的环境的适应。儿童的行动开始符合智慧活动的要求。

2.1.5 第五分阶段（感知动作智慧时期，12—18个月）

这一时期的婴儿，能以一种试验的方式发现新方法达到目的。当儿童偶然地发现某一感兴趣的动作结果时，他将不只是重复以往的动作，而是试图在重复中作出一些改变，通过尝试错误，第一次有目的地通过调节来解决新问题。例如婴儿想得到放在枕头上的一个玩具，他伸出手去抓却够不着，想求助爸爸妈妈可又不在身边，他继续用手去抓，偶然地他抓住了枕头，拉枕头过程中带动了玩具，于是婴儿通过偶然地抓拉枕头得到了玩具。以后婴儿再看见放在枕头上的玩具，就会熟练地先拉枕头再取玩具。这是智慧动作的一大进步。但儿童不是自己想出这样的办法，他的发现是来源于偶然的动作中。

2.1.6 第六分阶段（智慧综合时期，18—24个月）

这个时期儿童除了用身体和外部动作来寻找新方法之外，还能开始"想出"新方法。例如把儿童玩的链条放在火柴盒内，如果盒子打开不大，链条能看得见却无法用手拿出，儿童便会把盒子翻来覆去看，或用手指伸进缝隙去拿，如手指也伸不进去，这时他便会停止动作，眼睛看着盒子，嘴巴一张一合做了好几次这样的动作之后突然他用手拉开盒子口取得了链条。在这个动作中，嘴的一张一合的动作表明儿童在头脑里用动作模仿火柴盒被拉开的情形，只是他的表象能力还差，必须借助外部的动作来表示。这个拉开火柴盒的动作是儿童"想出来的"。当然儿童此前看过父母类似的动作，而正是这种运用表象模仿别人做过的行为来解决眼前的问题的行为，标志着儿童智力已从感知运动阶段发展到了一个新的阶段。

2.2 前运算阶段（2—7岁）

与感知运动阶段相比，前运算阶段儿童的智慧在质的方面有了新的飞跃。在感知运动阶段，儿童只能对当前感觉到的事物施以实际的动作进行思维。到前运算阶段，动作大量内化。随着语言的快速发展及初步完善，儿童频繁地借助表象符号（语言符号与象征符号）来代替外界事物，重视外部活动，儿童开始从具体动作中摆脱出来，凭借象征格式在头脑里进行"表象性思维"，故这一阶段又称为表象思维阶段。

皮亚杰将前运算阶段又划出两个分阶段：前概念或象征思维阶段和直觉思维阶段。

2.2.1 前概念或象征思维阶段（2—4岁）

这一阶段的产生标志是儿童开始运用象征符号。例如在游戏时，儿童用小木凳当汽车，用竹竿做马，木凳和竹竿是符号，而汽车和马则是符号象征的东西。即儿童已能够将这二者联系起来，凭着符号对客观事物加以象征化。皮亚杰认为这就是思维的发生，同时意味着儿童的符号系统开始形成了。

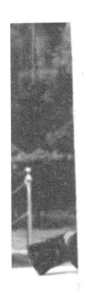

图3-8 儿童喜欢玩捉迷藏游戏,这有助于符号系统的发展

2.2.2 直觉思维阶段（4—7岁）

这一阶段儿童思维的显著特征是仍然缺乏守恒性和可逆性，但直觉思维开始由单维集中向两维集中过渡。守恒即将形成，运算思维就要到来。有人曾用两个不同年龄孩子挑选量多饮料的例子对此加以说明：一位父亲拿来两瓶可口可乐（这两瓶可口可乐瓶的大小形状一样，里面装的饮料也是等量），准备分别给他一个6岁和一个8岁的孩子，开始两孩子都知道两瓶中的饮料是一样多的。但父亲并没有直接将两瓶可乐饮料分配给孩子，而是将其中一瓶倒入了一个大杯中，另一瓶倒入了两个小杯中，再让两个孩子挑选。6岁孩子先挑，他首先挑选了一大杯而放弃两小杯，可是当他拿起大杯看着两个小杯，又似乎犹豫起来，于是放下大杯又来到两小杯前，仍是拿不定主意，最后他还是拿了大杯，并喃喃地说："还是这杯多一点。"这个6岁的孩子在挑选饮料时表现出犹豫地选择了大杯。在6岁孩子来回走动着挑选量较多的饮料时，他那8岁的哥哥却在一旁不耐烦而鄙薄地叫道："笨蛋，两边是一样多的"，"如果你把可乐倒回瓶中，你就会知道两边是一样多的"，他甚至还亲自示范了将饮料倒回瓶中以显示其正确性。从这个6岁孩子身上可以充分体现出直觉思维阶段儿童思维或智力的进步和局限性。开始他毫不犹豫地挑选大杯说明他的思维是缺乏守恒性和可逆性的，他对量的多少的判断只注意到了杯子大这一个方面，而他在后来的挑选过程中所表现出的迷惘则说明他不仅注意到了杯子的大小，也开始注意到杯子的数量，直觉思维已开始从单维集中向两维集中过渡。但他最后挑选大杯表明守恒和可逆意识在他身上并未真正形成。

2.3 具体运算阶段（7—11岁）

具体的运算意指儿童的思维运算必须有具体的事物支持，

有些问题在具体事物帮助下可以顺利获得解决。皮亚杰举了这样的例子：爱迪丝的头发比苏珊淡些，爱迪丝的头发比莉莎黑些，然后问儿童："三个中谁的头发最黑？"这个问题如果是以语言的形式出现，则具体运算阶段儿童难以正确回答。但如果拿来三个头发黑白程度不同的布娃娃，分别命名为爱迪丝、苏珊和莉莎，按题目的顺序两两拿出来给儿童看，儿童看过之后，提问者再将布娃娃收藏起来，再让儿童说谁的头发最黑，他们会毫无困难地指出苏珊的头发最黑。

具体运算阶段儿童智慧发展的最重要表现是获得了守恒性和可逆性的概念。守恒性包括质量守恒、重量守恒、对应量守恒、面积守恒、体积守恒、长度守恒等等。具体运算阶段儿童并不是同时获得这些守恒的，而是随着年龄的增长，先是在7—8岁获得质量守恒概念，之后是重量守恒（9—10岁）、体积守恒（11—12岁）。皮亚杰确定将质量守恒概念达到时作为儿童具体运算阶段的开始，而将体积守恒达到时作为具体运算阶段的终结或下一个运算阶段（形式运算阶段）的开始。这种守恒概念获得的顺序在许多国家对儿童进行的反复实验中都得到了验证，几乎没有例外。

2.4 形式运算阶段（12—15岁）

上面曾经谈到，在具体运算阶段，儿童只能利用具体的事物、物体或过程来进行思维或运算，不能利用语言、文字陈述的事物和过程为基础来运算。例如爱迪丝、苏珊和莉莎头发谁最黑的问题，具体运算阶段不能根据文字叙述来进行判断。而当儿童智力进入形式运算阶段，思维不必从具体事物和过程开始，可以利用语言文字，在头脑中想象和思维，重建事物和过程来解决问题。故儿童可以不很困难地答出苏珊的头发黑而不必借助于娃娃的具体形象。这种摆脱了具体事物束缚，利用语言文字在头脑中重建事物和过程来解决问题的运算就叫做形式运算。

除了利用语言文字外,形式运算阶段的儿童甚至可以根据概念、假设等为前提,进行假设演绎推理,得出结论。因此,形式运算也往往称为假设演绎运算。由于假设演泽思维是一切形式运算的基础,包括逻辑学、数学、自然科学和社会科学在内。因此儿童是否具有假设演绎运算能力是判断他智能高低的极其重要的尺度。

图 3-9　这时候的儿童开始学会像成人那样推理

形式运算思维是儿童智能发展的最高阶段。在此有两个问题应加以说明:(1)并非儿童成长到 12 岁以后就都具备形式运算思维水平,近些年在美国的研究发现,在美国大学生中(一般 18—22 岁),有约半数或更多的学生,其智能水平或仍处于具体运算阶段,或者处于具体运算和形式运算两个阶段之间的过渡阶段;(2)15 岁以后人的智能还将继续发展,但总的来说属于形式运算水平。可以认为，形式运算阶段还可分出若干个阶段，有待进一步研究。皮亚杰认为智能的发展是受若干因素影响的，与年龄没有必然的联系。

皮亚杰的守恒实验简介

皮亚杰认为年幼儿童的思维受直接知觉的影响，以单维的方式认知事物。这个结论是从大量的守恒实验中得出的。下面具体介绍几种典型的守恒实验。

数量守恒实验。皮亚杰将7个鸡蛋与7个玻璃杯一一对应的排列着，问年幼的儿童鸡蛋和杯子是否一样多，儿童回答"一样多"。然后，当着儿童的面将杯子的距离拉开，使杯子的排列在空间上延长，这时问儿童，杯子多还是鸡蛋多，具体运算阶段之前的儿童会说"杯子多"。

对应排列　　　　　　　　　　杯子空间延长

图3-10 皮亚杰的数量守恒实验

质量守恒实验。皮亚杰把一团橡皮泥搓成两个一模一样的圆球，然后当着儿童的面，将其中一个圆球搓成"香肠"，问儿童圆球和香肠哪一个橡皮泥多。一部分儿童认为圆球的多，因为圆球大；另一部分儿童认为，香肠的多，因为香肠长。这都是质量不守恒的表现。

两个圆球　　　　　　　　　圆球和香肠

图 3-11　皮亚杰的质量守恒实验

　　容积守恒实验。将两个一模一样的玻璃杯盛满水,然后当着儿童的面将其中一杯水倒入一个细长的量筒内,问儿童哪个里面的水多。一部分儿童认为量筒里的水多,因为它水面高;一部分儿童认为杯子里的水多,因为杯子比量筒粗。这是容积不守恒的表现。

两杯等量的水　　　　　　　哪一杯水更多?

图 3-12　皮亚杰的容积守恒实验

　　此外,年幼儿童还表现出对重量、面积、体积、长度的不守恒。在此就不一一介绍了。

第四章 从"牙牙学语"到"能说会道"
——儿童语言发展的奥秘

> 一个人的智力发展和他形成概念的方法,在很大程度上是取决于语言的。
> ——爱因斯坦

对于很多父母来讲,当听到自己的孩子喊出"爸爸"和"妈妈"的时候,那一刻的幸福、欣慰和喜悦是无法用言语表达的。事实上,从婴儿来到这个世界后发出第一声哭声开始,他们每一次发音,每一次与人尝试交流都牵动着父母的心。儿童获得语言,便开始掌握社会交往的工具,他们开始逐渐使用语言来表达自己的需要和情感,用语言来调节自己的动作和行为,用语言来认识这个世界。儿童获得了语言,他们的心理发展便放射出人类特有的奇光异彩。

据统计，世界上有四万四千多种不同的语言和方言，但令人吃惊的是，全世界的儿童，无论他们生活在怎样的社会里，无论他们父母说什么样的语言，他们都可以在出生后两三年的时间里掌握这门语言。这对于成人来讲几乎是不可能完成的任务！那么这样的成就是如何实现的呢？儿童语言的发展遵循怎样的发展模式？如何解释儿童惊人的语言发展成就？如何帮助儿童更好的发展自己的语言？这些都是儿童心理学有关儿童语言发展研究的重点。在这里，我们根据年龄的顺序，简单介绍一下儿童心理学在这一领域研究的成果。

第一节 婴幼儿是怎样获得语言的?

儿童一出生，便仰天长啸，向世界昭示了一个新生命的诞生。这时候的啼哭只是婴儿独立呼吸的开始，并不能算作语言的发音。但以这声啼哭为标志，婴儿开始了对语言的学习和探索。对于大部分婴儿来讲，他们在1岁左右可以说出第一批能被成人理解的词。但千万不要认为这是儿童语言发展的开始。在此之前，儿童在语言发展上已经取得了巨大的成就，这些成就为儿童语言的获得打下了坚实的基础。很多研究者把1岁之前称为语言发展的准备期。在准备期之后，婴幼儿的语言发展逐步进入单词句时期（1—1.5岁）和多词句时期（1.5—3岁）。

1. 语言发展的准备时期

儿童出生后的第一年是语言发展的准备期。在这一时期，儿童虽然还不会说话，但已经开始为以后的说话做准备。心理学家把这一时期又分成三个阶段。

1.1 简单音节阶段（0—3个月）

新生儿出生之后的第一个行为表现就是哭。哭标志着婴儿开始独立的呼吸，也是婴儿最原始的一种表达方式。通过啼哭，婴儿的发音器官得到了锻炼，肺活量增大了，这些都是语言发音必须具备的生理条件。

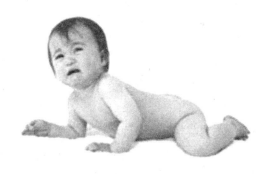

图 4-1 哭是儿童的特殊语言

最初的啼哭是没有区别的，婴儿饿的时候、渴的时候、受到惊吓的时候，以及其他身体不舒适的时候，他们都会啼哭，但这时候的啼哭听起来是没有差别的。有心理学家曾经做过这样的实验：把这个时期的婴儿分成四组，用不同的方式引起他们哭。在第一组婴儿身上刺针，把第二组婴儿的手脚捆起来，让第三组婴儿处于饥饿状态，把第四组婴儿抱到一定的高度然后迅速下降，分别记录下他们的哭声。然后请教师、医生、学生等辨别这些哭声有没有差别。结果表明，这些哭声基本上没有差别，音调也差不多。

1个月后，婴儿的哭声开始出现了差异。不同的原因引起的哭声开始变得不同。如平坦而断续的哭声常表示："妈妈，我饿了，我渴了。" 爆发性高而尖的哭声常表示："妈妈，我痛！我不舒服。"而大小便刺激引起的啼哭，哭声并不剧烈，换尿布后哭声也就停止了。所以从某种意义上来说,这时候的哭是儿童的特殊语言。

除了用啼哭来表达自己的需要之外,新生儿的另外一个本事就是开始对声音进行分辨。研究发现,在最初 72 小时里面,新生儿就已经可以辨认母亲的声音了。这种分辨能力是儿童语言发展的第一步,因为在自己能够开口说之前,必定是已经具有了倾听的能力。

发音方面,1 个月大的婴儿在哭声停顿的时候,会偶尔发出 ei、ou 的声音。在第 2 个月的哭声中,会偶尔发出 m-ma 的声音。接着在不哭的时候,父母也能够听到婴儿发声了,特别是在成人发声音逗他的时候,这种现象更为明显。根据心理学家的观察和记录,两个月大的婴儿一般能发出以下这些音:a、ai、e、ei、hai、ou、ai-I、hai-i 等。这些发音是属于反射性的,没有什么意义,即使是天生聋哑的儿童也能够发出这些声音。

1.2 连续发音阶段(4—8 个月)

大约 4 个月左右,儿童进入了连续发音的阶段。这个阶段的儿童明显活跃了,发音也增多了。从这时到 1 岁前,婴儿常常对着玩具或者镜子中的自己发音,表现出交往的愿望。他们能发出的音也开始大量地增加,并能够将辅音和元音相结合连续发音,如把辅音 b、m 和元音 a 相结合连续发出,形成 ba-ba-ba,ma-ma-ma 等类似于"爸""妈"的语音。很多父母听到这样的声音会非常的兴奋,但其实这些音对孩子来讲毫无意义,他们只是以发音做游戏而得到快感。这时候的婴儿能发出的声音非常的多,不仅仅是母语中的声音,而且有趣的是,不同种族和生长在不同社会文化环境下所有的婴儿发出的声音都很相似。

从这一个阶段的发展可以看出,婴儿的发音和他的生理状态有关。一般来说,婴儿的发音往往出现在他们比较开心的时候,尤其是成人逗他们的时候,他们会更起劲地发出声音。而当婴儿有某种不舒适的时候,他们也会发出特殊的声音。这时候婴儿的发音不再是本能的练习,而是具有社会交往的性质。如果成人在这一阶段注意保持婴儿良好的情绪状态,可以在一定程度上促进儿童的发音。

1.3 模仿发音阶段(9—12个月)

在上一个阶段,婴儿虽然可以连续地发出声音,但那些音往往是同一音节的重复。从 9 个月开始,儿童开始能够发出一些不同音节的声音,音调也开始多样化。如 a-jue-lu-bi 等。听起来这样的发音就像是在说话,但它仍然是没有意义、难以理解的。有心理学家戏谑地称之为"有表情的难懂话"。

图 4-2 "不会说不一定代表我不了解"

在这个阶段，儿童的发音还有一个相反相成的过程：一方面要逐步增加符合母语的声音；另一方面又要逐步淘汰环境中用不着的声音。我们在前面讲过，起先婴儿能发出的声音是多种多样的，可以适用于人类的各种语言，既有本民族的语言，也有非本民族的语言，甚至还有原始民族的语言特点。从9—10个月开始，非本民族的语音逐渐被放弃，母语中的语音逐步增加。同时，婴儿开始模仿发音了。这一进步标志着儿童学说话已经开始萌芽。

在成人的教育和指导下，婴儿已经能够把特定的音与具体的事物联系起来，但这种联系是非常有限的，如"灯"就是单指客厅上的那盏灯，"猫"就是指自己家养的那只猫。

在模仿发音阶段的后期，婴儿会根据成人的指示作出一些稍微复杂的反应，如听到父母说再见，会向陌生人挥手，听到成人说欢迎会作出拍手的动作等等。也就是说，这一阶段的儿童虽然还没有掌握具体的词语，但已经开始初步的交际活动了。

2. 单词句时期

儿童在1岁左右讲出了第一批能被人理解的词，从这一时刻开始，他们脱离语言的准备期，正式进入语言的发展期。大部分孩子在10个月左右的时候，可以会叫爸爸和妈妈，在此之后他们开始慢慢地学习一些单词。这个阶段之所以称之为单词句时期，是因为这个年龄阶段的儿童往往是以一个词来代表一个句子的意思。父母要根据特定的情境，才能判断孩子的意思是什么。例如琪琪说"饼干"，可能是指她想吃饼干，也可能是告诉妈妈，饼干快吃完了，也可能是要吃巧克力，因为她知道巧克力和饼干都是食物，但她叫不出巧克力的名字。

儿童最早说出的词语往往是他们所熟悉的环境中经常出现

的事物,经常出现的词语包括:重要的熟悉人物(妈妈、爸爸、奶奶等)、会动的物体(球、汽车、猫等)、熟悉的行为动作(抱抱、坐坐、再见等)、熟悉的行为结果(脏、疼、湿等)。调查发现,我国 2 岁幼儿的语言中已经包含了几乎所有的词类,他们掌握了名词、动词、形容词等等。但其中名词和动词占据着主要地位。

当这个年龄阶段的儿童在运用学到的新词时,有两个现象是非常有趣的。一种现象叫做词义的过度缩小,如"桌子"一词单指自己家里的饭桌,"妈妈"则只是表示自己的妈妈,"洋娃娃"只是指自己经常玩的那个金发碧眼的洋娃娃等。还有一种想象和词义的过度缩小恰恰相反,称之为词义的过度扩张。譬如,他们不仅仅称狗为狗,而且把牛、马、羊等能走动的四足动物都称之为"狗"。儿童扩张的范围非常的广泛,如有的儿童看见月亮是圆的,就会把窗户上或墙上的圆形图案都叫作月亮。

词义的缩小和扩张在 2—6 岁儿童身上普遍存在,在此之后随着儿童经验的日趋丰富,以及大脑的日渐成熟,他们掌握了更多的具体词汇,这种现象才逐渐消失。

3. 多词句时期

儿童从 2 岁开始,语言方面的活动开始积极和活跃起来。随着他们掌握的词汇越来越多,儿童的讲话变得更加的主动,他们会缠着大人告诉他们身边事物的名称是什么。国外的研究表明,第二年上半年,儿童的词汇增长得相对比较缓慢,每个月只增加 1—3 个词。而在下半年,也就是 18—24 个月的时候,词汇有了快速的增长,许多儿童每星期增加的新词达到 10—20 个。当儿童掌握的词汇量达到 200 个左右的时候,他们开始把两个词或几个词联合起来,说出了双词句或多词句。

开始的时候，儿童会说一些不完整的双词句或者多词句，这样的句子很像以前发电报时的表达形式，因此又叫做"电报句"。譬如，他们会说"妈妈鞋"（这是妈妈的鞋），"妈妈怕飞机"（妈妈，飞机来了，我怕）等等。这时候对儿童语言的理解要结合当时的具体情况才能作出判断。在电报句阶段，儿童要表达的意思虽然并不是非常的明确，但语法结构的雏形开始显现。

在电报句阶段之后，3岁或者3岁半的孩子开始表达一些完整的句子。3岁的儿童，能使用更多的句子来表达自己的想法，讲述所见所闻。虽然讲述时会发生一些词语的错漏现象，但也能用上"因为"、"所以"、"如果"、"以后"等连接词；其好奇心更强，"为什么"成了他们的口头语，"打破砂锅问到底"是孩子这时期的特征。

到3岁末，儿童语言能力得到飞速的发展，其心理活动开始具有概括性，可通过语言认识直接经验所得不到的东西，如在听故事中知道"雪是白色的"、"雪是冰凉的"，还可以用"等等我，走吧！"、"我先上厕所"等有声语言显示其思维的结果，以语词调节自己的行为，使活动更有随意性和目的性。

4. 婴幼儿语言发展的促进

儿童之所以能够在很短的时间里就学会本民族的语言，一方面是因为他们生来就具备了惊人的获得语言的能力。但没有人会否认的是，语言的发展离不开环境的支持。对于这一阶段的儿童来讲，父母的哪些行为会促进儿童语言的掌握？儿童心理学家对这一问题同样开展了大量的研究，综合这些研究的结果，研究者认为父母可以从以下几个方面入手促进儿童早期语言的发展。

4.1 利用一切机会与儿童进行交流

语言是在交流和交往的过程中发展和完善起来的,因此,作为父母如果能够尽可能地增加与儿童的交流,就可以促进儿童语言的获得和发展。尤其是在孩子还不能说话的时候,当儿童咿咿呀呀发音或者提出某些要求的时候,父母要有敏感的觉察,并鼓励孩子进行语音的发音练习。

父母还要经常和孩子"对话",这时候的对话可能孩子还不能理解,但决不意味着父母是在对牛弹琴。从单词句时期开始,儿童就在父母的帮助下认识周边的环境,接触世界、了解世界。成人对儿童输入的语言越丰富,儿童的语言发展就越迅速。在这一阶段,儿童图书提供了很好的对话素材。约一岁的孩子非常喜欢看彩色的图书,聪明的家长会充分利用各种各样的图画书,和孩子一起阅读,向孩子提供丰富多彩的语言素材。

图 4-3 亲子的交流有利于婴儿语言的发展

4.2 利用"妈妈语"促进婴幼儿的语言发展

很多成人在遇到外国朋友,尤其是这位外国朋友的汉语还不是非常流利的时候会有这样的经验,那就是双方在交流的时候,你会不自觉地放慢语速,吐字更加清晰,说出的句子更短,有些关键的地方还会重复以确认对方是否已经正确地理解。与此相类似,母亲在和婴儿说话的时候也会不自觉地采用一种"妈妈语",这种语言是一种专门说给儿童听的语言,有语速慢、声音高和音调高度夸张的特点。妈妈语具有某种强烈的起伏感,更能够吸引婴儿的注意。母亲在与儿童的交流过程中使用妈妈语,意味着母亲在交流的过程中能够考虑孩子的理解和接受能力。研究发现,与成人之间的谈话相比,婴儿更喜欢妈妈语。而妈妈语往往又能够很好地引导孩子语言由低级向高级水平发展。

语言的获得有一个最适宜、最迅速的年龄阶段,即所谓的关键期。儿童语言发展的关键期是在1—12岁,其中1—4岁最为关键。在这一年龄阶段,如果父母能够创造良好的语言交流环境,就可以促进孩子语言的发展。反之,则有可能对孩子的语言发展造成损害。

第二节 儿童期的语言发展有哪些成就?

儿童在出生后的头两年里,语言能力有了初步的发展。他们已经理解和掌握了相当数量的词语,并且已经可以与他人进行简单的交流。2岁之后,儿童生活的环境有了一定的改变,很多孩子开始进入托儿所、幼儿园。在托儿所和幼儿园的环境中,他们开始与成人和小伙伴进行更为复杂的交流,他们的语言能力也迅速发展起来。一般来讲，儿童在幼儿园生活的时期是他们掌握本民族口头言语的最佳时期。儿童的语言在这一时期取得了一系列的发展成就。

1. 语音的发展

儿童 2 岁以后发音能力有了迅速的提高，这一方面是由于他们的发音器官开始发育成熟，另一方面大脑的发育成熟使得他们的感知、注意、思维能力有了大幅度的提高。3—4 岁期间是儿童语音发展最为迅速的时期，在正常情况下，大部分 4 岁的儿童已经掌握了本民族或本地区语言中的全部语音。只不过由于他们的思维水平有限，因此有些话在成人看来会有些可笑，形成一些有趣的"宝宝语录"。

儿童心理学研究认为，3—4 岁是培养儿童正确发音的最佳时期。在这一阶段，儿童可以学会几乎全世界所有民族语言中的任何发音。而在此之后的发音就日趋方言化，儿童在学习外语或其他地区的语言时，常常会受到母语及方言的干扰从而产生发音困难。

2. 词汇的发展

语言的主要构成单位是词汇，因此词汇的发展可以看作是语言发展的主要标志之一。词汇的掌握主要分作两种，一是儿童能说出来的词汇，另外一种是儿童自己虽然还说不出来，但意思已经理解的词汇。从儿童语言的发展来看，儿童懂得的词汇要远远多于他们能够说出来的词汇。心理学对儿童词汇掌握方面的考察主要从以下几个方面入手：

2.1 词汇量的增加

3—7 岁可以说是儿童词汇数量迅速增加的时期。国内外对此进行了很多研究。根据天津卫生局的材料，2.5—3 岁儿童掌握的词汇约为 962 个；河北大学对 3—4 岁的儿童进行了调查,调查结果显示这个年龄阶段的儿童词汇量约为 1200 个。美国的研究结果为:3 岁时约 896 个,4 岁约 1540 个,5 岁约 2070 个,6 岁约 2562 个。综合几项研究的结果,可以看出,儿童到 7 岁时的词汇量大约是 3 岁时词汇量的 4 倍!

词汇是语言的重要组成部分,词汇量大说明儿童可以更加自如地表达自己的想法,同时也表明儿童对事物的认识和理解能力有了进一步的提高。

2.2 词义理解的确切和加深

对于年龄较小的儿童来讲,他们虽然已经能够讲出某些词语,但他们对词义的理解可能还不是非常的确切。譬如,对于一个一岁的小孩来讲,当大人问他:"爸爸呢?"他可能会看看爸爸,有时也会望望妈妈或其他人。对他们来说,爸爸这个词还没有确切的含义。随着年龄的增长,他们开始意识到爸爸不是随便叫的,而是特指自己的爸爸。到了一岁半以后,他们开始懂得了自己有爸爸,别人也有自己的爸爸。这时候他们对爸爸一词的理解才比较确切。对于抽象词语的理解可能要花更长的一段时间,在一些情况下,孩子们对词语的理解和成人有较大的差异,但他们已经开始在用这些词语了。我们不妨看看"宝宝语录"里的一个有趣的例子:"我姐姐四岁的儿子有一天闷闷不乐,一个人在床上爬着玩。我问他,你怎么了?他说,我对她那么好,非要和我分手。他的话一出,让我吃了一惊,但又觉得好玩,接着问他,那你知道什么叫分手吗?他边玩边低着头说,就是一个人在这边,另一个人到了那边。"

2.3 词类的扩展

词从语法上可分为实词和虚词两大类。实词是指意义比较具体的词,它包括名词、动词、形容词、数量词、代词、副词等。虚词意义比较抽象,一般不能单独作为句子成分。虚词包括介词、连词、助词、叹词等。

儿童一般先掌握实词，再掌握虚词。实词中最先掌握的是名词，其次是动词，再次是形容词，最后是数量词。儿童也能逐步掌握一些虚词，但它们在幼儿词汇中所占的比例是很小的。在儿童的词汇中，最初名词占主要地位，但随着年龄的增长，它们在词汇总量中的比例有递减的趋势；4岁以后动词甚至超过名词的比例。

儿童词类的扩大还表现在各类词汇内容的变化上。我们在前面讲过，儿童最初掌握的词汇是和他们的日常生活相关联的词语，随着儿童年龄的增长，他们接触的外部世界越来越丰富多彩，这时他们掌握的词汇开始脱离日常生活，涉及到了社会现象、工农业生产、技术、工具等。

2.4 消极词汇和积极词汇的增长

凡是儿童既能正确理解又能正确使用的词，一般称为积极词汇。有时儿童虽能说出一些词，但并不理解，或则虽有些理解却不能正确使用，凡这样的一些词都称消极词汇。年幼的儿童已经掌握了很多的积极词汇，但仍然有一些消极的词汇存在着，因此常常会出现一些词语混乱的现象：如把"解放军"一词与"军队"混同，以致看到电影里的敌军说是"敌人解放军"(5岁)；把"中国"与"好人"混同，以致外国电影中出现战斗场面时也会问"谁是中国？"

综上所述，学前期的儿童在词汇上已经有了很大的发展，但是存在的问题是词汇的量还有所欠缺，对某些词的理解，尤其是抽象词汇的理解还不够深入，这导致他们在日常生活的交流过程中经常会犯这样或那样的错误。

3. 句子的发展

在儿童语言的发展过程中，儿童对于句子的理解往往早于句子的产生。换句话说，儿童在能够说出一些具有复杂结构的句子之前，他们往往已经能够理解很多复杂句子的意义。问题是，成人说出的句子意义是千变万化的，那么儿童是怎样来理解一些新的句子的呢？研究者对这一问题进行了深入的研究。研究发现，儿童常常会采取一些策略，来理解一些他们尚没有掌握的新句子。这些策略从本质上来说是儿童从已有的语言经验和非语言经验中概括出来的一些"规则"，比如，从3岁开始，儿童逐渐会把句子中最先出现的名词作为动作的发出者，而把之后出现的另外一个名词作为动作的接受者。依靠这些规则，儿童开始理解听到的每一句话。这种做法非常有效，但有些时候却也不免犯错。

儿童不仅能够很早地理解成人所说的一些句子，而且从很小的年龄开始，就可以说出一些简单的句子。婴儿最初说出的句子是单词句，以后随着年龄的增长逐渐说出双词句、多词句，逐渐增加了句子的长度。有一项研究考察了2—6岁儿童的平均句子长度，这一结果在一定程度上描述了儿童句子发展的轨迹。

表4-1 2—6岁儿童的平均句子长度

年龄	2岁	2.5岁	3岁	3.5岁	4岁	5岁	6岁
平均句长（词数）	2.91	3.76	4.61	5.22	5.77	7.87	8.39

4. 语用技能的发展

在儿童语言发展过程中，除了语音、语法和语义规则的掌握之外，儿童如何运用语言来进行交流也是语言发展的重要方面。儿童心理学家称这种能力为语用能力。一般来说，能够根据听者的特点来调整自己说话的内容和形式，这是语用能力最为典型的表现。国外的一项研究表明，4岁左右的儿童就已经知道要根据听者的年龄、性别等特点调整自己的语言。如他们在对男性的教师、医生或父亲说话的时候,他们会更多地使用命令句;而当他们和女性或者小伙伴说话的时候,却会更有礼貌;他们在跟陌生人讲话的时候会给予更多的解释。当然,他们的这种会话能力在这一年龄阶段只能看出些端倪。和更大年龄的儿童相比,他们的会谈技巧非常稚嫩,提供的信息很多也是含糊不清的。儿童心理学研究的结果认为,6—10岁的儿童的确可以为陌生人提供更多的信息。但是只有到了9—10岁的儿童才能够比较熟练地运用一些语用技巧,帮助自己更好地与他人沟通。

5. 促进儿童语言发展的一些建议

幼儿时期是儿童语言发展,尤其是口头语言发展的黄金时期。在这一阶段对儿童进行语言方面的培养和训练往往能够达到事半功倍的效果。无论是家长还是幼儿园的老师都应该重视对儿童语言发展的培养,努力开发儿童潜在的语言能力。儿童心理学的研究认为,可以从以下几个方面入手,培养儿童良好的口头语言能力。

5.1 注重儿童发音技能的培养

正如我们前面所讲的,3岁到4岁之间是儿童发音能力发展最为迅速的时期,在这一阶段,儿童在发音方面进步迅速,同时也不免存在些问题,如3岁的幼儿对"g"和"d","n"和"l"常常混淆,平舌音和翘舌音也不太容易区分出来。作为家长和老师要及时地纠正儿童的一些发音错误。譬如通过让儿童背诵儿歌、唐诗、顺口溜等方式比较各种发音之间的差异。当然,在此过程中,成人一定要有足够的耐心,切不可态度严厉、急于求成,这样会造成儿童心理紧张,严重的甚至会造成儿童口吃。

5.2 创造丰富的语言发展环境

家长和老师要尽可能为儿童提供丰富、健康的语言发展环境。日常生活中，儿童图书、少儿电视节目和少儿广播节目等等都是发展儿童语言能力的好材料。作为家长，应该尽可能地花些时间和儿童进行语言的交流，如讲童话故事以及其他的非正式交谈都是促进儿童语言发展的重要条件。此外，家庭内部的沟通和交流也是非常重要的，我们知道，幼儿的模仿能力是非常强的，他们不仅可以从成人之间的交流中理解很多语言方面的信息，而且会了解很多其他方面的知识。如果家庭成员之间的语言交流在内容上是健康的，在表达方式上是理智的、有礼貌的，儿童也会潜移默化地习得这样的语言表达方式。

图 4-4 亲子阅读是促进儿童语言发展不错的方式

5.3 在游戏和交往中发展语言能力

儿童天生好玩，作为家长和老师要鼓励儿童参加各种各样的游戏。儿童在游戏的过程中会在一起商量游戏的主题，想象和编排一定的故事情节，分配任务角色等等。这些都为儿童联系自己的语言提供了宝贵的机会。儿童游戏和交往的对象无外乎成人和自己的小伙伴。儿童和小伙伴之间的交往游戏与他和成人之间的交往游戏是不同的，在和小伙伴的交往过程中，双方是平等的关系，他们更需要站在他人的立场上思考和表达，这种游戏不仅有利于儿童语言的发展，而且对于他们的情绪、社会交往能力等方面都会有所促进。

图 4-5 儿童在游戏中发展自己各方面的能力

第三节 哪些因素会影响儿童语言的发展？

有人讲，人类天生会说话，就如鸟儿天生会飞翔。的确，人类尤其是儿童似乎对语言的掌握有着超凡的能力。他们能够在很短的时间里面学会如此复杂的语言系统。而且在不同的语言之间，儿童掌握语言的时间和方式非常的类似。这表明，儿童似乎天生就有一种特别的能力，他们对语言信号敏感，知道哪些是应该把握的关键信息，哪些是应该忽略的信息。儿童学习语言的方式，就如同他们学会坐立爬行一样，不需特别的教导，但他们自然而然地就会做这些事情了。这样神速而且几近完美的学习成就，儿童心理学家认为主要归功于儿童先天的语言学习机制，以及后天的环境。总结下来，和儿童语言发展有关的因素主要有以下几个方面。

1. 遗传与语言

人的遗传素质给人的语言发展提供了一定的前提。人在出生后的一定时期内能够学会说话，而其他动物则没有这个能力。人在短短的几年里，就能掌握这种相当复杂的符号系统，是与人所具备的先天的生理机制分不开的。人的大脑中有特定的言语中枢，有健全的发音和听音器官，每个发音正常的婴儿，都从遗传中获得了这些优越于任何动物的生理基础。就遗传而言，每个孩子又是有差别的。那些语言发展相对较好的孩子与父母遗传基因的优秀不无一定的关系。有研究者通过调查有语言缺陷的家族历史发现，语言缺陷具有一定的遗传性，并且和性别有关系。还有的研究者对一家人进行染色体统计分析，也得出了某些语言缺陷与染色体异常有关的结论。

2. 智力与语言

儿童的语言发展，深受智力发展的影响。人们习惯用儿童开始说话的年龄来推测儿童的智力水平。一般来说，智力高的孩子，在出生 11 个月就能开始说话，智力差的约需 34 个月，智力更差的幼儿则需 51 个月。但是，这一推论只是单向的，我们不能以开口说话的早晚来反向推知儿童智力的高低。这样的做法很容易犯错误，因为儿童语言的发展受很多因素的影响。总体来讲，下述三个结论是比较可靠的：（1）智力高的幼儿开始学说话的时间较早，反之则较晚。（2）智力高的幼儿使用语句较长，反之则较短。（3）智力高的儿童，语言使用的质量较好，反之则较差。

3. 性别与语言

男女性别在语言的掌握方面表现出不同的特点。从时间来看，一般来说，女孩比男孩早说话。男孩平均 15.76 个月开始说话,女孩则为 14.88 个月,女孩较早使用句子,词汇量同样多于男孩。从语言的质量来看,女孩的语言质量要优于男孩。研究发现在语言流畅性等方面的评测上,女孩比男孩的结果要好。但这种差异往往只存在于发展的早期,到了儿童的后期,女孩的优势会消失。不过在拼写、表达和外语学习方面,一般来讲,女孩比男孩仍有优势。从语言障碍发生的比率来看,女孩语言障碍发生的比率比男孩要低。

4. 家庭环境与语言

语言的发展,除了儿童本身须具备正常的生理发育和脑功能外,还须依赖后天环境提供丰富、健康的语言学习环境。对儿童语言发展影响最大的,是与他朝夕相处的照顾者,特别是他的父母亲。研究者从以下几个方面考察了家庭环境与儿童语言发展之间的关系。

4.1 家庭社会经济状况

研究者认为,处于社会较低阶层的人,他们所使用的语言多是属于情绪性的表达。儿童如果经常听到一些粗俗不雅的语言,久而久之不仅词汇会变少,讲话的态度和发音同样也会受到影响。总体来讲,这些儿童在词汇和语法结构的丰富性上会表现得比较差。而社会阶层较高的人,他们往往会使用更为详细和抽象的语言,这种环境下成长起来的儿童,说话系统、有礼貌,而且掌握的词汇也比较丰富。

4.2 父母受教育程度

父母受教育的程度同样会对儿童的语言发展产生重要的影响。研究发现,受教育程度越高的父母,其子女的语言能力越好。受教育程度比较高的父母,在语言交流的内容和方式上往往具有一定的优势,儿童在与父母的交流交往过程中会逐渐习得相应的表达内容和方式。

4.3 亲子互动

研究者以正常儿童为研究对象,观察儿童在家中的语言环境,发现家庭中适当的亲子之间的语言交流对儿童语言能力的影响十分重要。研究发现高语文能力的儿童,其双亲常主动与儿童交谈,且提供各种阅读书报,刺激儿童的语文认知,并鼓励儿童多从事语言活动。

图4-6 亲子互动有利于儿童语言的发展

4.4 排行

在排行因素中,研究发现子女中的头胎在语言能力上较后胎为高,研究者认为独生子女或多胞子女的老大所得语言鼓励较多,且有较多学习语言的机会,所以语言能力较佳。

5. 情绪、人格与语言

儿童的情绪态度与人格特质,也能影响到语言的发展。有研究者将一群因情绪处理失当,而造成语言缺陷的儿童分为四类:(1)婴儿时代常拒绝吃饭,反抗型的儿童,他们学说话的时间较慢。(2)被过分保护的幼儿,他们多继续使用婴儿式的语言。(3)失去情绪依靠的儿童,他们常常表现出语言功能上的偏差。(4)以不适当的方法,压抑情绪表现的儿童,他们患有口吃现象。

双语的孩子们

多种语言的使用在现代生活中越来越普遍,年轻的一代人发现在他们所生活的环境中需要不只一种语言。由于工作的需要,懂得两种或多种语言的人在竞争中更具有优势。有人甚至宣称,双语的时代已经来临。在这种情况下,有一个问题逐渐显现,那就是学习双语是否会妨碍儿童正常的语言发展?

图4-7 文化交流让世界各地的儿童走到了一起

在1960年之前,很多研究者认为学习双语对儿童的心理发展是不利的。当时的研究结果发现,双语儿童在语言知识测验和一般智力测验上的成绩显著低于单语的同伴。这一结果在很长一段时间里,让人们对双语存有疑虑。当时美国的教育者和立法者以此为理由禁止在儿童10岁以前教授外语,以便不"分散学生正常英语学习的能力,导致严重的情绪混乱"。然而,需要指出的是,这些研究是有着严重缺陷的。当时美国的研究所选取的双语儿童通常是来自较低社会经济背景的移民家庭,他们不是很精通英语,而且,他们所参加的测验是用英语施测的,而不是用这些儿童最精通的语言。更糟糕的是,和他们的成绩相对比的样本儿童大部分是由中产阶级、讲英语的儿童组成。难怪双语的儿童表现得会那样差!

近来的研究对研究条件进行了改进,将双语者和单语者进行了对等的比较。研究结果发现,双语学习者在认知方面相对更有优势。纯粹的双语者在智力测验、皮亚杰守恒问题以及一般语言熟练度上的得分均等于或高于单语者。越来越多的证据表明,双语的儿童在发展上并不存在任何的劣势,他们的学习成绩和一般的学生一样好,社会适应方面也没有表现出任何的缺陷。

通常,学习双语的幼儿都会经历一个混合使用两种语言的时期,这一时期,在儿童的句子中可能会出现两种语言的单词混杂使用。因此,有人据此认为儿童不能将两种语言区分开来。但实际上,这并不代表儿童语言混乱。到了3岁,他们就会清楚地意识到两种语言是互相独立的系统,每种语言的使用都与特定的背景相联系。到4岁的时候,儿童在本土语言上会达到正常的熟练程度,而在第二语言上也表现出很好的语言技能。

第五章 "天才是如何炼成的?"
——儿童智力的发展

唐代诗人王勃6岁善文辞,10岁赋诗,13岁时写成不朽名篇《滕王阁序》。德国大诗人、思想家、政治家歌德,4岁前就识字读书,能朗诵诗歌,8岁时已经能用德语、意大利语、法语、拉丁语和希腊语阅读和书写。

姚思患有严重的智力障碍,27岁的时候生活在一个智障服务机构,她的智商测试下来只有37分。她没有任何的读写能力,甚至自己不能吃饭、穿衣服。但令人惊讶的是,所有她听过的诗歌,她都可以准确无误地背诵下来。

世界上一些真正让人感兴趣的概念,似乎都有这样的特点,那就是人人都知道它的存在,但却无法界定它的真正含义,智力就是其中的一个。似乎人人都知道智力是什么,但又没有一个人可以准确地给出智力的定义。

第一节 如何评价儿童的智力?

一、什么是智力——智力定义知多少?

1921 年,美国教育心理学杂志(Journal Educational Psychology)曾就智力的定义征求了诸多研究者的意见,得到的结果让人大吃一惊。他们得到了不下 30 种智力的定义。一些有代表性的定义包括:

(1) 从正确或事实的角度所体现出的正确反应能力(Thor-ndike)

(2) 进行抽象思维的能力(Terman)

(3) 感觉能力、知觉辨别、知觉速度、知觉范围或灵活联想的能力、敏捷和想象、注意的广度、反应的速度和机灵程度。(Freeman)

(4) 学习的能力或是已经习得的调节自身以适应环境的能力(Colvin)

(5) 适应生活中相对较新环境的能力(Pinter)

(6) 获取知识的能力和保持知识的能力(Henmon)

(7) 一种生物学机制,使得一组复杂刺激的效应得以汇聚并在行为中赋予机体某种联合效应(Peterson)

(8) 抑制知觉调试的能力,根据想象的试误经验对抑制的直觉调试进行重新定义的能力,个体作为社会性动物将修正后的知觉调适表现为行为的意志能力(Thurstone)

(9) 获得能力的能力(Woodrow)

(10) 从经验中学习的能力或获益的能力(Dearborn)

(11) 感觉、知觉、联想、记忆、想象、区分、判断和推理(Haggery)

(12) 智力就是智力测验测得的东西(Boring)

这么多的定义，相信智商再高的人也会犯糊涂吧。事实就是这样，到目前为止，心理学界还没有一个统一的定义来告诉人们究竟什么是智力。但从另外一个角度也反映出研究者对于智力本身的关注。他们编制了一系列智力测验的工具来测量儿童的智力发展水平。

图 5-1 到底什么是智力？

二、什么是智力测验？

什么是智力测验？智力测验主要是要测些什么能力？智力测验的结果能预测儿童将来的发展状况吗？提到智力测验，相信总会有这样或那样的问题不断地冒出来。让我们一起走进智力测验，揭开智力测验的神秘面纱。

2.1 比奈智力测验量表

最早的智力测验是由法国心理学家阿尔弗雷德·比奈编制的。1904 年，比奈及其同事西蒙受法国教育部的委托，要编制一份可以区分出智力落后儿童的测验。目的是为了帮助教育部门筛选出学校中智力落后、不适合正常学校教育的儿童，从而使这些儿童能够得到特殊的教育。他们编制了一系列的项目，用来测量他们所认为的课堂学习所必需的技巧：注意力、知觉、记忆、数字推理、语言理解等等。这套测验由 30 个从易到难的题目组成，简单的题目包括：眼睛是否随动的物体移动、用触觉刺激唤起抓握反应、执行简单的命令和模仿简单的手势等等。复杂的题目包括：用三个词造句、剪纸、对抽象名词进行定义等等。

1908 年，比奈量表得到了进一步的修订，所有的测验项目都按年龄进行分组。例如，大部分 6 岁儿童都能通过而 5 岁

图 5-2 智力测验之父：比奈

儿童很少有人能够通过的项目，就被定义为可以反映 6 岁儿童智力水平的项目；那些大多数 12 岁儿童都会而 11 岁儿童几乎都不会的项目，就用来测量平均年龄 12 岁的儿童的智力，依次类推。比奈智力测验总共设置了 11 个年龄组，从 3 岁到 13 岁每一岁为一个组。在智力发展水平的指标上，该量表采用的是智力年龄（mental age，MA）的指标。智力年龄是以儿童能够通过哪一年龄组的测验项目来计算的。如果一个儿童能够通过 4 岁组水平的所有题目，而 5 岁的项目一个也没有通过，那他的智力年龄就是 4 岁。如果他还通过了 5 岁组的 2 个题目（代表 4 个月），那么他的智力年龄就是 4 岁 4 个月。

作为第一个广泛应用的智力测验，比奈智力测验可以成功地筛选出智力落后的儿童，而且能够对其智力发展的水平进行评估，这对于学校教育起到了一定的推动作用。他们可以根据儿童的智龄而不是实际的年龄来设置儿童学习的课程。

2.2 斯坦福—比奈智力测验量表

比奈的智力测验发表以后，引起了人们广泛的兴趣。很多国家的研究者纷纷对其进行引介，其中最成功的修订当数美国斯坦福大学推孟教授修订的版本，这一版本被称为斯坦福—比奈智力测验。这个测验在比奈智力测验的基础上，新增了 39 个新的测验项目。适用的年龄阶段也从儿童扩展到了青少年。在智力的衡量标准上，斯坦福—比奈量表首次采用了比率智商的概念。比率智商的算法是由儿童在智力测验上所反映出来的智力年龄除以他的实际年龄，最后再乘以 100。比如说，一个儿童的实际年龄是 8 岁，通过智力测验所测得的智力年龄是 9.5 岁，那么他的智商就是 9.5/8×100=119。

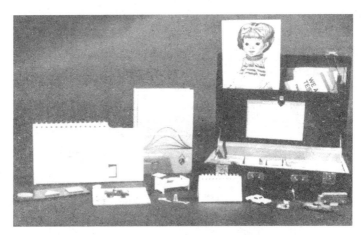

图 5-3　早期斯坦福—比奈智力测验量表所用的工具

比率智商的引进表明，一个儿童无论他的实足年龄有多大，只要他的智力年龄等于他的实足年龄，那么他的智商就是 100，说明这个孩子的智力水平一般。若其智商大于 100，则说明其智力水平比该年龄阶段儿童的平均水平要高，反之则低。

2.3　韦克斯勒儿童智力测验量表

韦克斯勒智力测验是目前应用最为广泛的智力测验之一。它是一系列测验的总称，包括韦克斯勒儿童智力量表、韦克斯勒成人智力量表、韦克斯勒学龄前儿童智力量表和学龄初期儿童智力量表等。从年龄的跨度上，韦克斯勒智力量表适用于学龄前的儿童直至成人。

从测验的内容来看，韦克斯勒儿童智力量表把智力分作言语智力和操作智力两个方面。言语量表和操作量表分别又有分测验。譬如，言语量表包括常识、类同、算术、词汇、理解、数字广度六个分测验；操作量表分作图画补缺、图片排列、积木图案、物体拼组、译码、迷宫六个分测验。

图 5-4 智力测验中的积木拼图

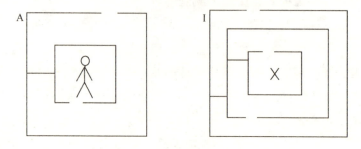

图 5-5 智力测验中的迷宫测验

从智力水平的衡量标准上，韦克斯勒儿童智力量表又有了新的改进。它采用离差智商来表示儿童的聪明程度。如果我们把同一个年龄阶段所有儿童的智力进行测验，结果汇总起来，应该会得到像下图这样的结果：

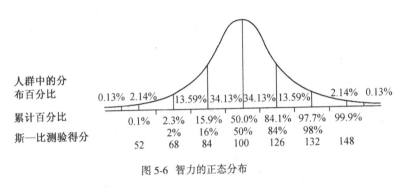

图 5-6 智力的正态分布

这样的分布情况在统计学上称为正态分布。每一个年龄阶段儿童的智力发展水平大体处于这样的分布，也就是说，大部分人的智商在 85—115 之间（占总数的 68.26%），只有一小部分人的智商会超过 130（占总数的 2.14%）或低于 70（占总数的 2.14%）。离差智商的计算就是考察参加测试的儿童智力在整个分布中所处的地位。如果测得儿童的智商分数在平均分之上，那就表示这个儿童比较聪明。反之，则可能智力的发展要低于同龄儿童的水平。

除了我们所介绍的上面三种智力测验外，目前应用比较广泛的智力测验还很多，如瑞文图形智力测验、麦卡锡儿童智力测验、伍德考克—约翰森心理与教育测验、戴斯—纳格利尔里认知评估体系等等。这些标准化测验为我们了解儿童的智力发展提供了良好的工具。

智力测验究竟有什么用处呢？研究发现，智力测验在一定程度上可以预测儿童的学习成就和将来的工作、适应情况。

Neisser等人考察了智力测验成绩与儿童在学校里的学习成绩之间的关系。研究结果表明，智力测验的得分与学业成绩之间的相关为0.5。不仅如此，智力高的儿童往往会追求更高水平的学习，他们很少在高中辍学，也更倾向于完成大学的学业。智商对工作绩效有预测作用吗？答案是肯定的。Hunter等人的研究表明，智力测验的分数与管理者对个体工作绩效的评分之间的相关为0.5。最后，聪明的人是否比那些智商一般或较低的人更加健康、快乐，能更好地适应生活呢？答案似乎也是肯定的。1922年，Terman教授对1500多个智商在140以上的儿童进行追踪，结果发现，智商高的儿童在身体和心理发展方面都优于一般的儿童。从学业上看，这些儿童进入大学的比率比一般人高，获得博士学位者，男性比一般人高出5倍，女性则高出8倍；从学术成就上看，到中年时，有88%的人在专业性或半专业性领域工作。他们一共提出过200种模型，发表了2000篇科研报告，还出版了100多本书，375篇戏剧或短篇小说，还有300多篇论文、摘要、杂志文章或评论；在社会适应方面，只有不到5%的人有适应不良、身体不够健康、酗酒和犯罪行为，这远远低于正常人群的发生比例。总之，Terman研究中的大多数儿童都适应良好、生活幸福、健康并且有着卓越的成就。

第二节 儿童智力发展的轨迹

由于各人的先天素质存在着差异，特别是后天条件的不同，诸如社会、环境、家庭、学校、所从事的实践活动以及主观努力程度的不同等因素，使儿童的智力出现了差异。智力发展的差异表现在方方面面,这其中既有质的差异也有量的差异。

一、智力发展的水平差异

心理学研究表明,智力是随着年龄增长而发展变化的。而在同龄的儿童中,孩子的智力水平也不同,有的智力高,有的则低;在不同的年龄阶段,儿童的智力水平也存在着很大差异,有一个智力水平不断增长到稳定最后又逐渐衰退的过程,而且不同的智力因素,其发展的速度也有很大的差异。

1.1 同龄儿童的智力分布

正如我们在前面到的,智力在同龄儿童中基本上呈正态分布:两头小,中间大。即智力很高和智力很低的儿童都是极少数,而智力中等的儿童则占绝大多数(如图 5-6 所示)。大部分人的智商都落在 85—115 之间,只有少数儿童的智商会超过 130 或低于 70。

理论上,标准的常态分布曲线是两侧完全对称,但近年的研究表明,智力分布曲线的两侧并不是完全对称的。智力低的一端范围较大,即智力低下的人比智力高的人为数略多。这是因为人类智力除按正常的变异规律分布外,还有许多疾病可以损害大脑,导致智力低下。

1.2 智力发展的年龄变化

在人的一生中,智力的发展水平随年龄发展而变化,但并不是匀速直线前进的。一般说来,出生后的前 5 年智力发展最迅速,5—12 岁发展速度仍有较大增长,12—20 岁智力缓慢上升,到 20 岁左右智力达到高峰,这一高峰期一直持续到 34 岁左右。然后直到 60 岁,智力缓慢下降,60 岁以后,智力下降迅速。当然,不同学者的研究结果不尽相同,但都表明了这样一个结果：智力的绝对水平在儿童成长过程中随着年龄的增长而增长，但它的增长与年龄的增加不是线性的关系，从总体上讲，是先快后慢，到一定程度停止增长，并随衰老而呈现下降趋势。

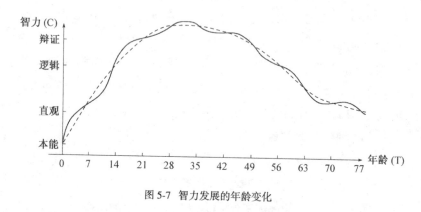

图 5-7 智力发展的年龄变化

各种智力因素的发展也存在明显差异，它们在发展的速度、高峰期范围、衰退时间方面都不相同。迈尔斯(W.R.Miles)等人研究发现：知觉能力发展最早，在 10 岁就达到高峰，高峰期持续到 17 岁，从 23 岁便开始衰退；记忆力发展次之，14 岁左右达到高峰期，持续到 29 岁，从 40 岁开始衰退；再次是动作和反应速度，18 岁达到高峰期，持续到 29 岁，也是从 40 岁开始衰退；最后是思维能力，在 14 岁左右达到高峰期的为 72%，有的 18 岁达到高峰期，持续到 49 岁，从 60 岁以后开始衰退。

一般说来，智力低的人发展速度慢且停止较早，智力高的人发展速度快，停止的年龄也较晚。通常身体健康、勤于参加体力和脑力劳动的人，智力会衰退较慢。体弱特别是神经系统和脑部有疾病的人，智力才会迅速衰退。

二、类型的差异

智力是各种因素构成的综合体。同一种智力在不同的人身上会有不同的表现，构成了各种不同的智力类型。人们在知觉、表象、记忆、想象、言语和思维等方面都表现出类型差异。如用韦克斯勒儿童智力量表测量不同年龄的儿童，发现智商相同的儿童，有些言语智商显著高于操作智商，而有些操作智商显著高于言语智商，还有一些言语智商和操作智商差不多。不少心理学家还指出，学生之间有"认知方式"或"认知风格"的不同，即使他们智力水平相同，在领会、记忆、运用知识的方式方面却有很大差异。一些学生通过模仿学得好；一些学生通过反复尝试错误学得好；一些学生能很快了解概念之间的关系，把握某一学科的轮廓，但很快忘掉细节；一些学生对知识细节领会得很好，却难以把细节综合起来；一些学生领会知识主要靠教师的讲解；一些学生主要靠课后阅读教材，他们从教师的讲授中得到的东西很少。

三、性别差异

传统观点认为女性的智力较弱，但长期的研究结果表明，男女之间在智力上的差别总体平衡而部分不平衡，男女两性在不同的智力类型上各有优势。其差异表现在以下几个方面。

3.1 男女智力发展水平的差异

就全体男性与全体女性的平均智力而言，总体上是平衡的。但在个别智力上则有很大差异。男孩智力低下与智力超常这两种情况和比率都高于女孩。男孩中，特别聪明和特别笨的人数都要比女孩子多，而女孩子的智力发展水平则相对比较集中，差异不像男孩那样大。我国的心理学工作者研究发现，无论在中学还是在大学里，成绩优秀和较差的两端男性居多，而成绩中等的女性居多。

3.2 男女智力发展速度的差异

研究表明，男女在不同的年龄阶段，智力的发展是有差异的，并随年龄的发展互占优势。婴儿期，男女智力几乎没有差异。幼儿期，女孩的智力略高于男孩，但不明显。从学龄期开始，男女两性的智力出现了明显差异，女性智力明显优于男性。这种优势到了青春发育高峰期有所下降。从 12 岁以后男性的智力就开始逐渐赶上并开始超过女性，并随年龄的增长这种优势表现得越来越明显。这种优势一直维持到整个青春发育期结束，以后这种明显的年龄差异才逐渐减弱。现实生活中，我们也经常能够观察到，在小学或初中，学习成绩较好的多为女孩子，但是到了高中之后，男孩子开始迎头赶上，甚至最终超过女孩。

男女在智力上的表现也有早晚差异。就"早慧"这一方面而言，女性在音乐、舞蹈等艺术领域较男性更早地显露出才能。在文学方面，特别是编讲故事方面，女性早期表现的比率也大于男性。而在绘画、书法方面，男性早慧的比率大于女性。就"晚成"而言，女性表现在文学、艺术、新闻、教育、医疗等方面较明显、较多。而男性表现在哲学、经济学、自然科学等方面较多一些。

3.3 男女智力类型的差异

男女在智力发展的类型上同样存在差异，一般而言，女孩在音乐、舞蹈等艺术领域比男孩要有优势。而在哲学、经济学、自然科学方面，男孩的优势则相对大一些。具体到各种智力因素，同样发现男女之间存在一定的差异。如在感知能力方面，女孩的感知一般优于男孩，但在空间能力方面则男孩占有一定的优势。注意力方面，女孩可以更长时间的注意某一事物，而男孩则相对较差。记忆方面，女孩擅长形象记忆，但逻辑记忆不如男孩。思维方面，女孩更多的偏向于形象思维，而男孩则偏向于逻辑思维。

20世纪70年代以后的研究主要是从数学能力、空间认知能力和语言能力三个方面探讨智力的性别差异。研究发现：女孩在语言能力测验中占优势，而男孩在空间能力、数学能力测验中占优势。

虽然国内外大量研究表明，女性总体的智力水平并不弱于男性，但在所取得的社会成就方面，男性却明显高于女性。这主要是由于教育、角色地位、社会期望以及动机水平等因素使女性天赋潜能的发挥受到了限制。

第三节 哪些因素会影响儿童智力的发展？

智力的个别差异，虽然是人人尽知的事实，但对于哪些因素会影响甚至决定儿童智力的高低，到目前为止却是众说纷纭，莫衷一是。从目前来看，影响智力发展的因素大体可分作遗传和环境两方面的因素。

一、遗传方面的证据

聪明的父母生下的孩子是不是也会比较聪明呢？很多人都认为，答案是肯定的。我们怎么来验证这一假设呢？一种做法是找一批聪明的男士和一批聪明的女士结合，再找一批智力相对较差的男士和女士结合，对比他们的后代在智力上的表现。但这种做法显然是违背伦理道德的。于是科学家们把视线调整到了动物的身上，Tryon 对于小白鼠的研究，为我们揭示遗传在智力发展中的作用提供了现实而直观的例子。

　　Tryon 首先测验了大批老鼠跑复杂迷宫的能力。那些犯错误比较少的老鼠被标记为"聪明"组，而那些即使反复练习仍然会犯错误的老鼠被标记成"愚蠢"组。然后，Tryon 让聪明的老鼠与聪明的老鼠交配，而愚蠢的老鼠和愚蠢的老鼠交配。他还控制两组后代所处的环境，保证它们的经验大体相当。研究结果正如图 5-8 所显示的，聪明的老鼠生下聪明的子代而愚蠢的老鼠生下来的则是愚蠢的子代。不仅如此，随着代际的增加，这种区分变得越发的明显，等到了第 18 代时，聪明老鼠后代所犯的错误要远远低于愚蠢老鼠的后代。

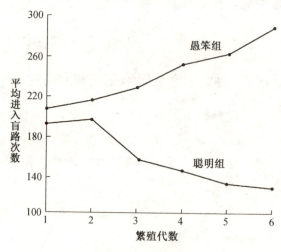

图 5-8　老鼠走迷宫能力的代际遗传

　　Tryon 的研究很清楚地说明了老鼠的迷宫学习能力是遗传因素影响的。其他研究者同样使用这种选择性繁殖的技术，揭示了遗传对老鼠和小鸡的活动水平、情绪型、供给型等这类属性的影响。问题是，动物研究的结果能否直接应用在人的身上？研究者采用了一种替代性的研究方法来揭示遗传在智力发展中的重要作用。

双胞胎或多胞胎是人类遗传过程中出现的一种现象。双胞胎分作两种，一种称作同卵双胞胎，它是由同一个受精卵发育而成的，因此具有相同的遗传素质。大约每250次分娩可能有一次产下同卵双胞胎的机会。另外一种是所谓的异卵双胞胎，它是由两个精子分别与两个卵子相结合产生的，因此具有不同的遗传素质。异卵双胞胎出现的概率差不多是每125个新生儿出现一对。同卵双胞胎和异卵双胞胎的存在为我们研究遗传的作用提供了便利。假如遗传影响智力的发展，那么同卵双生子之间应该更相像，因为他们有百分之百相同的基因，而异卵双胞胎只共享50%的基因。有关家庭中双胞胎的研究揭示了遗传对智力的影响，从下表中我们可以看出，人们的遗传关系越近，智力的相关就越高。

表5-1　不同血缘关系智力测验分数的相关情况

遗传关系	智力的相关系数
一起抚养的兄弟姐妹	＋0.47
分开抚养的兄弟姐妹	＋0.24
一起抚养的同卵双胞胎	＋0.86
分开抚养的同卵双胞胎	＋0.76
一起抚养的异卵双胞胎	＋0.55
分开抚养的异卵双胞胎	＋0.35

二、环境方面的证据

有关智力遗传方面的研究表明，人的基因影响其智力的发展。那能不能说遗传是决定儿童智力的本质因素呢？不是的。即使是再聪明的一个儿童，如果生长在单调的环境里，几乎没有任何智力活动的话，他的智商也不会发展得很高。相反，一个小孩，即使天资较差，但生长在一个好的环境里，不断受到认知上的挑战，那么他的智商就会达到平均水平甚至更高。在儿童智力发展的过程中，环境发挥了重要的作用。

环境中有关家庭因素对儿童智力发展的影响是研究者最为关心的领域。人们都很清楚，家庭环境的质量或特点对儿童的智力发展具有举足轻重的作用。但是，家庭环境中的哪些因素对儿童的智力发展会产生重大的影响呢？Sameroff 及其同事的研究列出了 10 种可以导致儿童智商低的危险因素。每一种危险因素都与儿童 4 岁时的智商有关系，而且大多数因素都对儿童 13 岁时的智商有预测作用。另外，家庭中影响儿童智力发展的危险因素越多，儿童的智商往往也就越低。这 10 种危险因素见表 5-2。

表 5-2 与低智商有关的 10 种危险因素

危险因素	4 岁儿童的平均智商	
	处于危险因素中的儿童	未处于危险因素中的儿童
少数民族儿童	90	110
户主没有工作，或是技能较低的工人	90	108
母亲没有高中学历	92	109
家中有 4 个或 4 个以上的孩子	94	105
家庭中没有父亲	95	106
家庭经历过多次压力生活事件	97	105
父母有严厉的育儿观念	92	107
母亲高焦虑或抑郁	97	107
母亲心理不健康或者诊断为心理异常	99	107
母亲对孩子没有积极的情感表现	98	107

从上述研究结果可以看出，经济状况较差的家庭，父母的教育水平比较低，给儿童提供的智力刺激环境相对就会比较差，从而会影响儿童智力的发展。

那么，父母究竟是如何影响儿童智力发展的呢？有研究者试图回答这一问题。Bettye Caldwell 和 Robert Bradley 建立了一个环境测量的家庭观测方法。研究者可以利用这一工具对婴儿、学前期儿童以及学龄期儿童的家庭进行观察记录，从而确定儿童所在的家庭环境是否有利于儿童智力的发展。该量表有三个版本，分别对婴儿期、学龄前期和儿童中期进行测量。Bradley 等人的研究表明，对于婴儿期的儿童来讲，父母亲更多地参与孩子的活动，并且为孩子提供适当的玩具和材料有助于儿童智力的发展。而到了学前期，父母最重要的是要热情地鼓励孩子主动探索外界的环境，这有利于儿童智力的健康发展。

总而言之，什么样的家庭环境有助于儿童智力的发展呢？研究认为，良好的家庭环境主要表现在，父母对孩子很有热情，他们喜欢和孩子进行语言交流，渴望和孩子一起玩耍。他们鼓励孩子提出问题和解决问题的方法，鼓励孩子对所学到的东西进行思考。而做得比较差的父母，往往表现在对孩子感情冷漠，给孩子很多的限制，经常使用惩罚的手段等。

有趣的白痴学者现象

"白痴"是智能极度低下者，而"学者"往往是博学多闻的专家。这两者截然相反，怎能合而为一呢？原来白痴学者是精神医学中的一个专门术语。白痴学者的智商在 70 以下，属中、轻度低能者。按精神病学家霍维茨下的定义:"智力低于正常而在其他心理功能方面有高度发展者可称为白痴学者。"因此,白痴学者实际上既非白痴又非学者,只是在某一方面同两者有点相似罢了。

最著名的白痴学者是美国盐湖城一位名叫金·皮克(Kim Peek)的自闭症患者。他在历史、文学、地理、体育、音乐等15个不同领域,都有着超凡的天赋。据报道,皮克有过目不忘的本领。他甚至能将一本电话号码簿上的名字和电话号码一字不差地记住。直到如今,皮克几乎能一字不漏地背诵9000本书的内容。不过,皮克在其他方面却显得相当"低能",不能料理自己的生活,连穿衣服这类简单的日常工作都不能做。皮克的故事给了好莱坞导演灵感,1988年奥斯卡获奖电影《雨人》(Rainman)就是以他为原型拍摄的。因此,白痴学者又被人们俗称为"雨人"。

图5-9 "雨人"金·皮克

在智能不足的基础上,为何白痴学者具有某些孤立突出才能,甚至发展到远远超过一般人的水平呢?应该说,白痴学者的存在是对记忆心理学和智能心理学的一种挑战。40多年来,白痴学者这一个谜,不时吸引着国内外精神病学家、心理学家和行为学家的注意。人类已在白痴学者临床、生理心理、遗传生化及社会环境等各个方面作了多方面的研究,并开始寻找到了一些线索,因而提出了种种假说。如有人做了脑诱发电位实验，从神经解剖生理角度分析，认为白痴学者是由于大脑各区发展不平衡所造成的。也有的从智力开发的角度进行探讨，认为后天无兴趣爱好上的偏爱，会使人整天沉湎在某项思虑之中，对于智能发育原已有缺陷的人来说，这种沉湎能排他性地影响别的智能发育，以致在某些方面显示出特殊的才能。最新的流行病学调查报告认为，白痴学者的家属中也有超人的突出才能现象。有人认为，这种非同寻常的突出能力，与其说是智力开发的结果，还不如说与遗传因素有关。然而，话又得说回来，尽管已经有了这样那样的解释，但仍然是很不够的，要真正把白痴学者的实质问题搞清楚，看来还有一段路要走。

第六章 "从情绪的奴隶到情绪的主人"
——儿童情绪的发展

> 唯有恰如其分的感情才最容易为人们所接受,所珍惜。
>
> ——蒙田

情绪是人类行为中最复杂的一面,也是人类生活中不可或缺的一部分。如果一个人没有情绪,那生活中也就无所谓快乐、高兴、喜悦,也无所谓愤怒、恐惧、嫉妒、悲伤等等。这样的生活显然是枯燥乏味的。

儿童时期正是情绪发展的主要时期,它主宰着儿童的心理活动。儿童的学习活动、注意力、记忆力以及社会活动,无不与之有着千丝万缕的联系。情绪的发展良好与否,直接影响到儿童未来的性格发展与人际关系,因此情绪的发展对儿童而言具有重要的意义。

第一节　儿童早期情绪的发展特点

在以前，很多人都认为，刚出生的小宝宝或者几个月大的婴儿，还不能像大人们一样有实实在在的感情。他们在吃饱喝足睡够之后，对周围的世界只能做出无意识的反应。但是现在，人们已经越来越相信，新生儿的本事显然不止这些。他们似乎生来就已经具有了一些基本的情绪。

1. 新生儿有情绪吗？

对于这一问题，行为主义的创始人华生首先提出了他的观点。他在对500多名儿童观察的基础上，提出新生儿有三种基本的情绪，这些情绪是生而有之的。这三种情绪是：爱、怒和怕。新生儿什么时候会表现出爱的情感呢？华生的观察发现，婴儿对柔和的轻拍或抚摸会产生一种全身广泛的松弛反应，他们会舒展开自己的手指和脚趾，发出咕咕或者咯咯的声音。如果限制婴儿的运动，婴儿就会"发怒"，他们会产生身体僵直的反应，或者手脚像乱砍似的运动，同时伴随有屏息、尖叫之类的反应。婴儿"怕"的反应通常发生在突然听到很大的声响，或者身体骤然掉落的时候，这时候婴儿的表现是发

图6-1　年幼婴儿的表情

抖、嚎哭、屏息或啜泣。

华生的观点是否正确呢？后来的研究者进行了一系列的研究，但研究的结果却未能证实华生的观点。有的研究者让新生儿自由落下2尺的距离，结果发现，在参加实验的85个新生儿中只有2名大哭起来，有一些新生儿根本就没有发生明显的身体反应。还有的研究者创造了四种不同的刺激情境——针刺、过时不喂食、身体突然失去支持和捆缚手脚。他请医生和大学生观察新生儿的反应情况，要求说出新生儿的哭泣有什么不同，这些不同的哭泣是由什么原因引起的。结果发现，这些观察者对新生儿表现出来的情绪以及造成的原因，都没有取得一致的意见。于是，很多人认为，新生儿的情绪可能只是一种笼统的状态，远没有华生设想得那么具体。

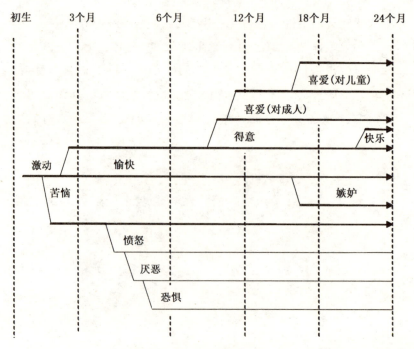

图6-2 婴儿从出生到2岁情绪分化的过程

加拿大心理学家布里奇斯提出了一种新的观点,他认为初生婴儿除了恬静的表现之外,所谓情绪,只不过是一种兴奋状态而已。此后逐渐分化,约在其后 3 个月内,开始从兴奋状态分化出苦恼与愉快两种基本情绪。在 3—6 个月之间,从苦恼分化为愤怒、厌恶、恐惧三种情绪。在 6—12 个月之间,从愉快的情绪再分化出得意与喜爱两种情绪。前者对物,后者对人。至 18 个月前后,再从原来的苦恼情绪中分化出忌妒的情绪,而且喜爱情绪又分化为对成人及儿童两种,再后约快到 24 个月时,快乐的情绪才分化出来。

2. 新生儿之后的情绪发展有怎样的趋势?

儿童情绪发展的主要趋势表现在三个方面:情绪的社会化、情绪的深刻化和情绪的自我调节化。

一、情绪的社会化:婴儿的情绪更多是和生理需要密切联系的。随着儿童的成长,情绪与社会性的联系越来越紧密。例如:微笑是儿童的一种基本情绪,是愉快的表现。最初,微笑只是一种生理满足的表现。出生 1—2 个月的婴儿,在睡眠中或困倦时会出现微笑,这种微笑是由身体内部刺激引起的,可以说是一种面部无意识的表情。1 岁左右,仍常有自我满足的微笑,情绪愉快时往往自己笑,而不是对别人笑。哭也是一种基本情绪,也有一个向社会化发展的过程。婴儿最初只是在身体不适的时候啼哭。随着孩子长大,哭常常成为达到满足自己要求的手段。

二、情绪的深刻化:幼小儿童的情绪常常因事物的表面刺激而产生或消失,就如孩子哭着要成人来陪伴,人一来,他就不哭了。而随着年龄的增长,诱发儿童情绪的原因也越来越复杂。此外,年龄较小的儿童,其情绪表现是比较外露的、易激动的,而随着儿童年龄的增长,情绪体验开始逐步地深刻,愤怒的情绪开始逐渐减少，并开始现实化。如 5 岁的儿童会因为下雨父母取消野餐计划而感到愤怒，到了小学阶段，面临同样的情况只会产生失望的感受。学前儿童常常用哭泣等直接的方式来表示自己的不满，而小学生则逐渐地学会用言语来表达自己的心情。

三、情绪的自我调节化：儿童情绪的另一发展趋势是对自我情绪调节越来越强。幼小儿童易因外来刺激而引起过分兴奋、情绪激动，有时甚至完全不能控制自己，短时间平静不下来，成人劝说也无效。这时只有用毛巾给他擦擦脸，用温柔的口吻对他说话，抚摸他的头、脸颊，才能使他的情绪渐渐平复。而到了一定的年龄，儿童开始自己运用某些策略调节自己的情绪。譬如，在收到自己并不喜欢的礼物时，年龄小的儿童会直接表现出不满和厌恶，而发展到一定年龄阶段的儿童，则会表现出高兴和感激。他们知道，即使这些礼物不是他们想要的，也要掩饰自己的情绪。

3. 哪些因素会影响儿童的情绪发展？

人类的情绪正如其他复杂的行为一样，是逐渐发展而成的。而且在发展的过程中，也同样受着成熟与学习两大因素的影响。在情绪发展期中，无法确定多少成分系由成熟所决定，多少成分系由学习所决定。一般说来，幼儿期简单情绪的发展受成熟的支配较大，成长后的复杂情绪，受学习影响较多。

3.1 成熟与情绪的发展

各种情绪的产生与年龄及成熟的程度有密切的关系。幼儿情绪的分化，也是成熟的一种变化。琼斯夫妇（H.E.& M.C. Jones）曾用无毒去牙的蛇考察 50 个幼儿对于蛇害怕的程度。结果发现 2—2.5 岁的幼儿，对蛇毫无惧怕的反应；3—3.5 岁的幼儿，也没有特异的反应；4 岁以后的幼儿，就显然会发生躲避的行为。在实验期中，幼儿并无与蛇接触的机会，既未见过蛇的图片，又未听过蛇的故事，所以怕蛇的反应，显然不是学习的结果，而是成熟的因素。

3.2 学习（经验）与情绪的发展

学习和经验在情绪的发展过程中扮演了怎样的角色呢？我们不妨先来看看一位小朋友的遭遇。心理学家华生和雷诺（Watson, J.B. & Raynor, R.）做过一个颇有警醒意味的实验，实验对象是一名叫艾伯特（Albert）的 11 个月大的男孩。实验者让小男孩玩白鼠，起初他一点也不害怕。后来，实验者就在小孩玩白鼠的同时，敲打钢棒，发出猛烈的响声。几次以后，艾伯特只要一看到白鼠，即使没有响声伴随，也表现出极度的害怕，不仅是害怕白鼠，还害怕与白鼠类似的物体，如狗、白兔、皮外套、棉花、羊毛等，甚至连圣诞老人的面具也害怕。1 个月以后又对他重新测定一下，发现他的害怕程度虽有所下降，但这种条件性的害怕依然存在。由于这个实验会给儿童的心灵带来伤害，而受到人们的指责。此后，心理学界制定了严格的实验规则，不能以当事人的身心伤害作为实验代价。但这一实验却清晰地告诉我们，学习在儿童的情绪发展中发挥着重要的作用。

学习是通过哪些方式影响儿童情绪发展的呢？总结下来无外乎以下几种：

（一）刺激：当某种情绪正在分化时，环境对他的该种情绪刺激程度，将影响其情绪的发展。例如当爱的情绪分化时，若得不到父母的抚爱，则幼儿对爱的情绪发展便会受到影响。

（二）刺激类化：恐惧经过交替过程形成以后，便像几何级数那样增进。婴儿玩弄白兔造成恐惧的情绪，以后看到白鼠、白狗、白猫，甚至白头发的老人，都能引起他的惧怕情绪反应，这叫做刺激类化。

图 6-3 小艾伯特的害怕实验

（三）别人的模样与暗示：幼儿可以从别人的姿势和面部表情中学习到各种不同的情绪表现。例如美国人惊异时张开眼睛，中国人常吐舌；美国人拍手表示高兴，中国人则表示失望或烦恼，这便是学习而来的。

除了上述所讲的成熟和学习的因素外，还有一些因素同样会影响到儿童情绪的健康发展，如儿童的身体健康，家庭的环境，教育机构的环境等等。其中对于家庭来讲，每一个家庭都有其特定的情感氛围。这表现为家庭内部的一种稳定的、典型的、占优势的情绪状态。如果父母能够互敬互爱，和睦相处，善于处理好自己的情绪，尽可能表现得愉快、喜悦、乐观向上，这不仅能使孩子生活在温馨的家庭氛围中，得到关心爱护，获得爱和尊重的体验，从而心情愉悦，产生主动向上的积极情感，而且也为孩子处理消极情绪提供了榜样，对孩子学习情绪、理解情绪和处理情绪产生潜移默化的影响。反之，如果父母之间经常吵架,家庭关系紧张,孩子容易产生焦虑不安、自卑、恐惧等不良情绪。这不仅不利于孩子形成初步的情绪调控的能力,久而久之还会影响孩子的心理健康。

第二节 儿童几种基本情绪的发展规律

儿童的情绪世界是一个丰富多彩的世界,他们在一开始可能只具有几种基本原始情绪,如哭和笑。但随着时间的推移,他们日趋的成熟,并在与他人的交往过程中逐渐习得和发展新的更高层次的情绪情感。下面我们就来看看儿童的一些基本情绪是如何发展起来的。

一、快乐

儿童的快乐——从幸福的微笑到开怀大笑——是多方面发展的结果。在刚出生的几个星期中,新生儿吃饱了就会笑。在睡觉的时候也会笑,面对温柔的抚摸和声音,如被摇动或听到妈妈温柔的声音同样会笑。这时候的微笑可能还算不上真正的快乐,它只是代表一种松弛的状态,儿童心理学的研究也发现,这些早期的微笑是由边缘神经系统自发产生的。

到了第三周,婴儿开始展现出真正的微笑。当他们听到人的声音,尤其是女性的声音时,他们整个脸上开始浮现微笑的表情,只不过这种微笑持续的时间非常的短暂,但也足以激荡父母的心灵。

第一个月末的时候,婴儿看到有趣的事物会笑,但这些事物必须是能动的,吸引注意力的事物,如突然穿越其视野的明亮的东西。6—10周后,婴儿看到人脸时会咧开嘴笑,并且伴有愉快的咕咕学话声。这时候的微笑已经具有社会交往的意义了。

3个月后,婴儿的微笑就更具有社会意义了。他们会在和成人交流时发出笑声。在这一时期,成人的面孔是诱发婴儿微笑的最大源泉。

哈哈大笑则是在婴儿3—4个月之后才会出现的。和微笑一样,最初的大笑是对积极刺激的反应,譬如在和母亲玩耍的时候,母亲快乐的喊道:"我快抓到你了",或者父母亲亲孩子的小肚皮也会诱发他们哈哈大笑。

等孩子越发地长大,他们开始参与一些游戏,这时候诱发他们哈哈大笑的,往往是一些与平时生活不同的微妙差异,如不出声的躲猫猫游戏,或者父母夸张的鬼脸等等。

儿童的快乐是一种积极的情绪,对儿童的心理发展具有十分积极的作用。事实上,在人的生命长河中,人们也无非是从自己的事业成就和社会交往中得到快乐。因此,培养孩子积极、乐观的情绪对孩子的一生都是有益的。

二、恐惧

婴儿早期没有恐惧反应。他们还没有防御危险并保护自己的能力,他们完全依赖照料者。儿童的恐惧是在出生后第一年的下半年产生并发展起来的。最先儿童所惧怕的往往只限于直接环境的具体事物,如动物、雷声等等。渐渐产生想象的恐惧,忧虑将来的危险以及惧怕鬼怪及黑暗。较大的儿童,有了竞争的社会行为之后,又开始产生惧怕失败的心理。恐惧的情绪约在出生后6个月产生,婴儿之所以会产生惧怕,乃是由于突然遇到强烈的刺激,心理失去平衡时所产生的情绪。恐惧的发展具有一定的年龄特点:

1岁以后：对突来的巨响、陌生的事物，母亲离开身旁时表示惧怕。

2岁：惧怕情绪增强，主要是听觉的，如车辆的声音、雷声、动物的叫声。关于视觉上的恐惧则是巨大的物体、卡车靠近以及黑暗。

3岁：视觉的恐惧事物增加，怕肤色不同或面有皱纹的老年人，怕假面具、怕黑暗、怕动物、怕母亲或父亲外出，尤其是夜晚。

4岁：除了怕3岁所惧怕的事物外，对听觉的惧怕增加，尤其是旧火车的警笛声，母亲外出，尤其是晚上。

5岁：惧怕的程度减低，如对动物不再像先前那样惧怕。但怕具体性、现实性的事物，如受伤、摔跤、怕黑暗，尤其是晚上打雷、警报声及雨声。

6岁：接近6岁或过6岁后，幼儿惧怕的情绪又增强，怕声音、黑暗、独处。又因为想象力变丰富，开始有怕鬼怪的倾向。

三、愤怒

愤怒是婴儿时期常发生的一种情绪反应。在婴儿出生后3个月从苦恼的情绪中分化出愤怒。因为触发婴幼儿生气的刺激因素太多，因此使他们很早就学会用发怒获取需要的满足。他们会很快地发现，用发怒获取满足是既快又简单的方法。

婴儿的愤怒往往产生于身体活动被限制，而对于年龄较大的儿童而言，不良的人际关系或者受到侮辱、受到欺骗或受到压制都会导致愤怒。另外持久的痛苦或恐惧也可能转化为愤怒。

儿童的愤怒随着年龄的增长会表现得越来越明显，这和他

图6-4 儿童的愤怒

们认知和运动能力的发展有着密切的关系。对于年纪小的婴儿来讲,生理需要的不满足是导致他们愤怒的主要原因。而随着年龄的增长,社会性需要逐渐取代生理需要的位子,他们开始渴望得到承认和尊重,他们开始对自己的行为及其产生的后果进行控制和评估,如果他们的行为没有得到理想的后果,愤怒就不可避免。

四、爱

儿童爱的发展同样具有年龄特点,从婴儿初生至6个月大,在爱的情绪发展中,被称为"自爱"的时期。这个时期爱的对象为婴儿本身,因为此时的他们尚不能区分出自己与他人。由于母亲日夜的照顾与爱抚接触,慢慢地使他的爱转向于母亲,而后至父亲及一般成人与儿童。儿童爱的情绪发展时期为:

自恋期:即初生到6个月,爱的对象为婴儿本身。

成人爱期:6个月到1岁,由于衣、食及痛苦的抚慰皆是母亲,而把爱转向母亲,再移到其他成人。

同性爱期:指八九岁到十二三岁的儿童,从成人的爱移到同年龄相仿的同性朋友。

异性恋期:即青春期以后,对异性表示爱恋。

五、嫉妒

嫉妒是一种复杂的情绪，它是愤怒、恐惧及爱三种基本情绪的结合。愤怒的情绪是对别人、对自己，以及对物所发生的，而嫉妒则是专指对人所发生的态度。嫉妒的情绪，约在一岁半时从苦恼中分化出来。嫉妒的产生，往往是由于弟弟或妹妹的出生所表现出来的行为。

当幼儿产生嫉妒的情绪时，常会有下面几种行为的表现方式：好撒娇、好哭、不吃东西、破坏玩具、白天撒尿或晚上尿床、精神恍惚、依赖性、丧失游玩的兴趣等等。

嫉妒是有个别差异的，按年龄来讲3—4岁的中间及青年期，乃是嫉妒出现的顶点，这是因为这两个时期，自我意识较强，为求得欲望的满足，所遭遇到的妨碍，较其他任何时期都要多。嫉妒的强弱和出生的先后是有关系的，老大嫉妒心重。据斯摩勒的研究，姐妹间互相嫉妒的最多，兄弟间次之，姐弟与兄妹之间更次之。

图 6-5 儿童的嫉妒

六、哭泣

哭大体上都属于不快乐的表现,如恐惧、愤怒而引起的哭泣均属于不快乐的情绪系统。婴儿之所以哭,大部分是由于身体受到痛楚、疲劳、饥饿、尿布湿等生理上的不快感所引起的现象。年龄大了之后,其哭的表现方式,就带有社会性的意味,例如幼儿跌倒了,如果当时没有成人在旁,他就只好自己爬起来,但如果父母或老师在旁,他便号啕大哭,其目的在于引起成人的注意,获取慰藉和同情。根据格塞尔的研究,哭泣依其年龄,有下列不同的表现:

1岁—1岁3个月:不如意时只是哼哼,哭的时候较少。

1岁半到2岁:常发生暴怒而大哭,其原因乃是因语言发展未成熟,无法使用语言表达内心的愿望,因此就用大哭来表现。

2岁:很爱哭,稍微不安、不愉快就能引起幼儿大声哭泣,非常的敏感。到2岁半就偶尔会哭。

3岁:哭的情况减少。

4岁:又有爱哭的倾向,但很少像以前那样号啕大哭。

图6-6 孩子,你为何哭泣?

5岁以后：哭泣非常的少了，能够忍耐哭的情绪，压抑着使眼泪不流出，有时也会因生气、疲倦、不如意而出声哭泣，但其时间非常的短。

从以上的分析中，我们可以看出，随着儿童的成熟，他们对周围人物的辨别能力进一步增强，他们的情感选择性也随之增强，情绪情感在很短的时间里有了飞速的发展。但总体来讲，儿童的情绪相对于成人还不是非常的稳定，容易变换、容易冲动、容易传染，这和他们的自我控制能力不足有着密切的联系。在这时候，作为家长和相关教育工作者对这些特点应予以充分的重视，并结合儿童的这些特点开展教育和辅导，从而促进儿童情绪情感的健康发展。

第三节 儿童常见情绪问题与辅导方法

良好的情绪至少要具有以下几方面的特征：（1）正向情绪或积极情绪占主导地位；（2）情绪体验丰富多彩；（3）情绪稳定；（4）能控制住情绪冲动；（5）能以合适的方式表达情绪，悦纳自己，悦纳别人；（6）能及时地宣泄、转移和摆脱不良情绪的困扰。然而，在现实生活中，我们发现要达成上述的目标并不是一件轻而易举的事情。儿童在成长的过程中，总会表现出这样或那样的情绪问题，让人担忧。

一、沮丧

沮丧的儿童看上去很伤心，他们自己也说很伤心，容易哭，感到孤独和悲观。有的人认为，之所以会造成这样的问题，原因在于这些儿童无法控制他们周围的世界，尤其是一些消极的、不利的事情。这些儿童看来有一种无助感,这与家庭的破裂、困惑、找不到自己在集体中的位置有关。

二、社会退缩

社会退缩的儿童不敢与其他儿童交往,感到害羞或害怕。这可能与儿童社会认知能力的低下有关,他们不了解别人的意图,因而也就不知道如何与人交往。有研究表明,把孩子置于小组里,或参加有组织的活动,同伴会帮助他们提高交往的能力。有时候同伴的鼓励和指导要优于成人的说教。

三、焦虑

焦虑反应通常发生在年龄较大的儿童身上,这样的儿童会突然感到害怕,仿佛有什么不幸的事情即将发生。他们会变得心神不定、烦躁不安,容易受惊,还会体验到一些诸如头昏眼花、头痛、恶心或呕吐等症状。这些儿童的睡眠往往有障碍,很难入睡,常在床上翻来覆去,还伴有噩梦或梦游。这种焦虑通常会是由特定的事件引起的,如面临考试的时候,会表现出这样的焦虑。但如果没有什么明显的外部原因,那就可能是由一些外部琐碎、偶然的事情引起的。实际上儿童的焦虑有一些广泛的和基本的因素,只是他们并没有意识到。如亲子关系失调,对性冲动感到害怕或内疚等等。

那么,作为儿童的家长和相关的教育工作者应该如何帮助儿童形成良好的情绪状态呢?

首先,要了解儿童的需要。情绪的产生往往是和需要的不满足联系在一起的,父母要想帮助儿童走出消极情绪的泥沼,首先要做到的就是了解儿童为什么会产生这样的情绪。儿童的情绪大体可分作三类:(1)生理的需求:饮食、饱暖、休息、睡眠、排泄、健康等需求。（2）心理的需求：自立、安全、快乐、好奇和冒险、成功、赞赏、自我表现、鼓励等需求。（3）社会的需求：被爱、接纳、自尊、被尊重、社交等需求。只有了解了儿童情绪产生的原因才能够对症下药，做出合理的应对。

其次，要营造和谐的家庭氛围。急遽变化和充满竞争的环境，使人容易处于紧张与焦虑之中，成人的这种心理状态很容易影响到儿童，使儿童长期地处于紧张、焦虑与恐惧状态，这对儿童的情绪发展非常不利。如果父母能够很好地控制住消极的情绪，或采取合理而又健康的方式来应对环境中的变化和竞争，这在无形之中就给孩子树立了良好的榜样，儿童通过耳濡目染，在潜移默化中学会控制或合理宣泄自己的情绪。此外，家庭中父母的教养方式也是影响儿童情绪健康发展的重要因素。好的教养方式应该做到：（1）多鼓励少打击。培养孩子健康愉快的情绪，需要多鼓励；鼓励使孩子情绪昂扬，有信心地前进。（2）倾听孩子说话。成人认真倾听孩子说话，孩子也感到受尊重，他的情绪就得到健康发展；如果孩子心里有话不能对亲人诉说，他会感到压抑，感到孤独，也会感到不受尊重，这样的孩子会出现反抗心理，有时会故意做出一些明知故犯的错误行为，引起成人的注意。（3）正确运用暗示和强化。儿童的情绪反应在很大程度上受成人的暗示。例如：常用哭作为威胁成人的手段，妈妈为了解决当时的矛盾，给孩子吃糖果或满足孩子的其他要求，但这正是对哭闹的一种强化。

再者，要减少儿童的精神压力。竞争的社会给社会成员带来了太多的压力，儿童也不能幸免。儿童的精神压力主要有三方面：（1）学习压力。许多父母认为要使孩子将来能够在社会中生存竞争，必须从小培养实力，对孩子要求极高。从幼儿园时期开始，参加各种补习班，因此几乎得不到课后放松和游戏的时间。（2）行为压力。许多父母要求过高，使孩子的一言一行都必须按规范行事，容不得半点差错，对行为中的一些细节，也管得很严，稍有不合乎要求，动辄斥责，甚至打骂。（3）安全压力。许多父母担心孩子的安全，经常对孩子灌输有碍孩子安全的讯息，使得孩子觉得这也不能做那也不能做，束手束脚，畏首畏尾。所有这一切都使得儿童那尚未成熟的心灵负担了太多的东西，长此以往，会对儿童的心理健康产生消极的影响。

最后，要掌握一些帮助孩子控制情绪的方法。儿童往往难以控制住自己的情绪，作为父母，要学会一些方法来帮助儿童控制住自己的消极情绪。比较常见的方法有：（1）转移法。当婴儿处于过分激动的状态时，可以用转移注意的方法，用儿童感兴趣的事物，使他摆脱原来的情绪诱因。（2）冷却法。当儿童情绪处于激动的时候，成人的指导和说服诱导是很难发挥作用的。此时，成人可以想办法让孩子离开情绪诱发的情境，到另外一个相对安静的环境中，待其情绪稳定下来之后，再予以说服诱导。成人切忌跟着孩子一起情绪激动，采取简单的暴力手段对待孩子。（3）消退法。对孩子的消极情绪可采取制约反射消退法。例如：有个孩子要母亲陪伴着才能入睡，否则就大哭，母亲只好每晚陪伴，直到他熟睡。后来，其父亲采用消退法，对他的哭闹不予理睬，孩子第一天晚上整整哭了50分钟，哭累后也睡着了；第二天只哭了15分钟，以后逐渐哭闹时间减少，最后不哭也能安然入睡。

除了上述几种基本的方法和要求之外，还有一些小的技巧可以帮助孩子形成健康的情绪状态。如交给孩子一些简单的情绪调节技术，比较常用的方法有：（1）思考法。当孩子产生某种情绪的时候,让孩子想一想自己的情绪表现是否适当。(2)自我说服法。教导孩子学会在遇到消极情绪困扰时,用合适的语言开解自己。如初入幼儿园的孩子要找妈妈、伤心地哭泣时,自己大声地说:"好孩子不哭!"起先,他会边说边哭泣,以后就渐渐不再哭了。(3)想象法。教导孩子在遇到困难或挫折时,想象自己是"大姐姐"、"大哥哥"、"男子汉"或某个英雄人物等。这样也可以帮助孩子更好地控制住自己的情绪。另外,帮助孩子描述他们的情绪也具有稳定情绪、安抚情绪的效果,在具体陈述后,孩子觉得情绪不是一个不可掌握的庞大无形怪物,它可以具体地用语言陈述出来,是有内容、有极限、有定义、可被理解的,它是可以面对而且被处理的。

好的情绪状态对儿童以后的社会适应具有举足轻重的作用。要培养孩子良好的情绪状态不能够采取简单的说教的方法,而是应该从孩子的立场出发,引导他们采取适当的方式来应对周围的世界。在过程中,我们要相信孩子,相信孩子有能力可以解决问题。我们也要重视孩子在生活中所发展的点滴事件,并以此点滴开启孩子生活的窗口,以培养孩子独立自主的能力。

情商简述

情商(Emotional Quotient, EQ)又称情绪(情感)智能(Emotional Intelligence)。这一术语最先是由美国新罕布和耶鲁大学心理学家萨罗维和梅耶于1990年提出的。EQ理论经过几年的运演,美国《纽约时报》的行为科学和脑科学的专栏作家,《今日心理学》前任高级主编戴尼尔·高尔门于1995年把一些有关EQ研究的深奥学术成果以非常通俗的方式编汇成《情绪智能》一书。情绪智能这一概念立即在全世界各地得到了广泛的传播。高尔门认为EQ至少包括认识自身情绪、妥善管理情绪、自我激励、认识他人情绪和人际关系五方面的能力。而萨罗维和梅耶在对EQ进行了10年研究之后,于1996年对EQ的内涵作了较全面的阐述。在他们最近的一篇题为《什么是情绪智力?》的论文中对情商下的定义是:情绪智力包含准确地觉察、评价和表达情绪的能力;接近并/或产生感情以促进思维的能力;理解情绪及情绪知识的能力;以及调节情绪以助情绪和智力的发展的能力。情绪智力包括以下四个方面:即情绪的认知、评估和表达能力、思维过程的情绪促进能力、理解与分析获得情绪知识的能力以及对情绪进行成熟调节的能力。

这四方面的能力在发展与成熟过程中有一定的次序先后和级别高低的区分,第一类对于自我情绪的知觉能力最基本和最先发展,第四类的情绪调节能力比较成熟而且要到后期才能发展。这四方面能力具体为:

(1) 情绪的知觉、鉴赏和表达能力:从自己的生理状态、情感体验和思想中辨认自己情绪的能力;通过语言、声音、仪表和行为从他人、艺术作品、各种设计中辨认情绪的能力;准确表达情绪,以及表达与这些情绪有关的需要的能力;区分情绪表达中的准确性和真实性的能力。

(2) 情绪对思维的促进能力:情绪对思维的引导能力;情绪影响对信息注意的方向;情绪生动鲜明地对与情绪有关的判断和记忆过程产生积极作用的能力;心境的起

伏使个体从积极到消极摆动变化，促使个体从多个角度进行思考的能力；情绪状态对特定的问题解决具有不同的促进能力，例如快乐可以促进归纳推理和创造性，抑郁可以促进演绎推理和深刻的思考。

（3）对情绪的理解、感悟能力：给情绪贴上标签，认识情绪本身与语言表达之间关系的能力，例如对"爱"与"喜欢"之间区别的认识；理解情绪所传送意义的能力，例如伤感往往伴随着失落；理解复杂心情的能力，例如爱与恨交织的感情；认识情绪转换可能性的能力，例如愤怒可转换为满意，也可转换为羞耻。

（4）促进心智发展的能力：以开放的心情接受各种情绪的能力，包括愉快的和不愉快的；据所获知的信息与判断成熟地进入或离开某种情绪的能力；观察与自己和他人有关的情绪的能力，比如其明确性、典型性、影响力、合理性等；处理自己与他人情绪的能力，缓和消极情绪，加强积极情绪，并且做到没有压抑或夸张。

从以上的论述可以看出，情商说关于情绪智力的核心要点在于强调：认知和管理情绪（包括自己和他人的情绪）；自我激励；正确处理人际关系三方面的能力。这种对于情绪智力的理解，相对来说，是比较完善的。

第七章 "大卫像的塑成"
——儿童个性的发展

> 没有个性,人类的伟大就不存在了。
>
> ——让·保尔

> 个性是一种必须与世界广泛接触的东西,所以它非抛弃它的孤独之癖不可,放在玻璃杯里的个性一定会枯萎,而那种能够在人类的交往中自由发展的个性才会丰富多彩。
>
> ——罗素

每个儿童的心理活动总表现为一定的特点和一定的倾向性,如一个活泼好动的孩子在家里和学校里都会表现出自己的活泼。这些经常表现出来的稳定的心理特点和心理倾向性的综合就是一个儿童总的精神面貌,是一个儿童不同于其他任何一个儿童的独特的个性表现。

在心理学里面，个性和智力一样，是一个界定不清的概念。大家都能了解人和人个性的不同，但要确切地定义个性，却不是一件容易的事。在现实生活中，个性是一个使用频率非常高的词语，但人们的理解却存在不同的角度。如人们常说"这个人很有个性"，往往指的是这个人与众不同；而教育界不断呼吁"要发展儿童的个性"，则往往指的是充分发展儿童的某一特长。

虽然人们很难对个性下统一的定义，但个性的存在却是实实在在的。如外向的儿童和内向的儿童很容易就可以区分出来。每个父母都希望自己的孩子有良好的个性，他们希望自己的孩子果断、忠诚、勇敢、独立、执著、积极等等。那么儿童的个性是如何形成的呢？

第一节 个性发展的基石——气质

当米开朗琪罗准备雕刻大卫像时，他花了很长的时间挑选大理石，因为他知道，材料的质地将决定作品的美感。他明白他可以改变作品的外形，但不能改变它的基本成分。米开朗琪罗雕刻大卫像的过程，就像一个儿童个性的形成过程一样。多年来，周边的环境和人不断地塑造儿童的个性，不断用刀削，用锤打，用砂磨，用皮革擦。使得儿童拥有了与他人不一样的个性。是不是同样的环境可以塑造相同性格的人？答案是否定的。人与人之间的差异生来便已经存在了。气质就像是不同的岩石，它是生来就有的，个性是在此基础上通过"打磨"形成的个体稳定的行为倾向。

一、什么是婴儿的气质？

刚出生的婴儿就会表现出各自不同的特点，有的新生儿动辄大哭，且哭声响亮、持久难哄，有的则哭声低微、短暂易哄。随着年龄的增长还会表现出更多的心理行为差异，如有的儿童见生人不怕，笑脸盈盈，有的儿童则躲在妈妈的身后很久才肯叫人；有的儿童做事情时遇到困难就容易放弃，有的则锲而不舍，坚持到底；有的儿童对声、光、冷、热很敏感，有的则不以为然；有的儿童规律性较强，有的较弱等等，这些就是儿童的气质差异。

对于气质的定义，心理学界尚没有统一的界定。但儿童的气质差异却是实实在在存在的，心理学家主要从以下 9 个维度来考察儿童气质方面的差异：

1. 活动量

是指孩子在一天的活动中，所表现出活动频率的多寡和节奏的快慢。活动量大的孩子，洗澡时也会把水泼得到处都是；即使换尿布、换衣服也总是浑身扭动，让父母紧张得手忙脚乱、满头大汗；常以跑步代替走路，喜欢户外运动；即使睡着了，也动来动去，甚至独自睡一张大床都不够。活动量小的孩子，喜欢做些较安静的活动，不喜欢户外活动。

2. 规律性

是指孩子每天睡眠时间的长短、饮食或排泄数量的多寡等生理现象是否有规律。规律性高的孩子，定时睡觉和起床，固定时间大便，三餐或喝牛奶的时间固定，不会因为环境改变而影响其规律性。规律性差的孩子，父母常无法预期他们的作息时间。

3. 趋避性

指对新的人、事、物，第一次见到的时候，所表现出来或是接受、或是退缩的态度。趋避性属于"避"者，接触到任何新的人、事、物大多表现退缩的态度，例如看到陌生人会害羞，不敢打招呼；拒绝去新的幼儿园，喜欢玩旧的玩具、穿旧的衣服。属于"趋"者就很容易与人打成一片，接受任何新的事物。

4. 适应度

孩子第一次见到新事物、新情况时不论是表现出"接受"还是"退缩"的态度，接下来都要面对一连串适应这事物、情况的过程。这种过程中孩子表现出的是自如或困难，称为"适应度"。适应度不同于趋避性，举例来说：小明第一天上幼儿园，在妈妈的鼓励下可以向老师打招呼，也可以留在教室里，可是过了一星期他还是坐在教室的角落里玩，无法适应新环境的团体教学方式，因此小明在趋避性方面虽属于"趋"，但其适应度不好。适应度不好的孩子，对某些不愿意吃的食物，或某些拒绝的事情，如：理发、梳头、洗头等，经过一段时间可能仍会表示抗拒。

5. 反应阈

指引起孩子反应所需要的刺激量，除了包括视、触、听、味、嗅觉之外，还有察言观色的能力。反应阈低的孩子，尿布一点点湿马上表现不舒服；有人轻轻开门或轻拉窗帘，就会醒来；对于温度、食物的冷热和味道非常敏感；过分夸张想象别人的表情。而反应阈高的小孩，即使父母气得脸色发青都未察觉。

6. 反应强度

是指孩子对外在或内在刺激所产生的反应的激烈程度。反应强度激烈的孩子，讲话的音量、哭笑声或不满的抱怨都特别大声，对事物的喜好反应明显。反应强度弱者，常面无表情，或私下嘀咕着，令人猜不透他的想法和情绪反应。

7. 情绪本质

指孩子在一天清醒的时刻中，所表现的快乐、友善、和悦及不快乐、不友善、不和悦之间的比例。情绪本质正向的孩子，整天都是笑眯眯的；而负向的孩子，大都呈现哭丧着脸或拗嘟嘟的表情。

8. 注意力分散度

将孩子的注意力转移到另一个刺激的容易度。注意力容易分散者，很容易因被叫唤或环境的声响而有反应；心情不好或生气时，容易用笑话逗他开心；或是用不同的东西可以取代他原来想要的玩具。

9. 坚持度

当孩子正在做或者想做某件事，却遇到外来的阻碍时，他克服这阻碍而持续下去的程度如何称作"坚持度"。坚持度低的孩子一遇到困难就放弃，坚持度高的孩子很固执，有时也令人头疼。

心理学家根据婴儿在上述9个维度上的表现，将婴儿的气质划分成容易照看型、难以照看型和缓慢发动型三类。

容易照看型：这种类型的婴儿饮食、睡眠习惯和大小便都有一定的节律，比较活跃，容易适应环境，如比较容易接近陌生人，容易接受新的事物，容易接受安抚等等。他们一般情绪比较积极、稳定，喜悦的情绪占主导；求知欲强，在活动中比较专注，不易分心；喜欢游戏，容易得到成人的关爱。

难以照看型：这种类型的婴儿活动没有节律，睡眠、饮食及排便等活动缺乏规律性；情绪不稳定，易烦躁，爱吵闹，不容易接受成人的安慰，对新环境不容易适应，表现为易退缩和易激动；消极的情绪占据主导，紧张和焦虑的情绪非常强烈；

注意力维持的时间比较短，容易分心；难以与成人合作，与成人关系不密切。

缓慢发动型：这种类型的婴儿不活跃，情绪比较消极，表现较为安静和退缩，对环境刺激的反应比较温和、低调，对新环境的适应比较慢，但通过成人的抚爱能够逐步地适应新环境。

上述三种气质类型是最常见、最典型的三种，有研究发现，65%左右的儿童可以归入到上述三种气质类型中。但也有35%的婴儿表现出混合型的特征，也就是说，按照有些表现特点可以归为容易照看型，而按照另外一些表现特点则可以归入难以照看型。

需要指出的是，气质只是天生的行为方式，其本身并没有好坏之分。每一种气质类型的儿童都有其积极的一面，也有其消极的一面。如对于容易照看型的儿童来说，他们的优点在于他们的随和、开朗、适应性强，但他们面临的不足在于行动有时会过于轻率、感情不够稳定；对于难以照看型的儿童来说，他们的积极方面在于他们比较敏感、感情丰富，而不足则在于他们的任性、适应慢和易发脾气；最后，对于缓慢发动型的儿童，他们积极的一方面是比较冷静、情感深沉、实干，而潜在的不足可能是淡漠、缺乏自信、孤僻。对于每一种气质类型的儿童，都应该结合其气质的特点，因材施教，这样才能最大限度发挥他们的优势，避免身上的不足。

二、为什么说气质是个性发展的基础？

儿童最初表现出来的气质上的差异是儿童个性发展的基础，是个性塑造的起跑线。正是由于上述差异和特点，制约了父母或其他教养者与儿童相互作用的方式，也制约了父母和教养者对儿童作用的效果。如有的婴儿生来就对人十分冷淡，有的婴儿则相反。于是，那些喜欢别人拥抱、亲吻的儿童就可以从父母那里得到更多的关爱，而不愿意人抱的婴儿显然得到的关爱要少一些。不仅如此，两类婴儿得到的反应情况也有所不同。喜欢别人抱的婴儿会促使母亲对他表示更多、更亲热的行为，而冷冰冰的儿童则相反。另外，喜欢独立的婴儿倾向于摆脱成人的控制，而喜欢成人注意的婴儿往往更易于得到成人的注意。

在日常生活中也可以看到，父母对一个执拗的儿童所用的教养方法既不同于依赖性强的儿童，也不同于独立性强的儿童。一个依赖性强的儿童往往更希望得到父母的帮助，而父母似乎也更容易给予更多的反应。当然，这里还得考虑父母的个性。一个喜爱安静的儿童可能不讨喜爱说说笑笑的母亲的欢心，可是却会受到喜爱安静的母亲的喜欢。总之，儿童的个性，从一开始就带有自身已有的特点，在与周围的人、周围的环境发生相互作用中发展起来。

三、如何根据儿童的气质类型"因材施教"？

正如我们在前面所讲的那样，儿童的气质会影响到父母对待他们的方式。那父母的教养方式是不是又反过来可以影响儿童的气质呢？答案是肯定的。研究发现，气质并不是终生不变的，而气质是否改变取决于儿童气质类型与父母教养方式的拟合度。

我们不妨来看一下那些难以照看型儿童的情况。这种类型的儿童经常烦躁不安，在适应新的环境时存在一定的困难。如果父母能够敏感觉察到儿童的这些特点，并能够始终保持平和，坚持让孩子遵守规则，约束他们的同时也允许他们慢慢地去适应，长此以往，这些儿童就不会那么任性了。事实也证明，很多难以照看型儿童在耐心、敏感而又有要求的培养下，到了童年晚期和青春期就不再属于难以照看型了，他们会比预期的表现出更少的行为问题。这种情况就是父母的抚养方式和儿童的气质类型比较契合的情况。

但是，在现实生活中，这种完美的契合并不是很容易达到的。那些活动水平过高、喜怒无常、通过违抗命令吸引注意的儿童，其父母并非都是耐心和敏感的。事实上，研究发现，很多这类儿童的父母也变得极端暴躁，没有耐心，常常惩罚这些难以照看型的孩子。不幸的是，这样的态度和行为并不适合于难以照看型的孩子。导致的后果是，这类孩子会对父母的强制和惩罚策略采取进一步的反抗，从而在青少年时期表现出更多的行为问题。因此，了解儿童的气质类型，并根据不同的类型提供合适的抚育和教养才能够促使儿童形成良好的个性，保证儿童健康成长。

第二节　儿童个性发展的规律

德国诗人歌德曾说："才能自然形成，个性则涉入世之风波而塑成。"对于一个人个性的发展，歌德也曾提出自己的观点。他认为，儿童是现实主义者，他对自己的存在深信不疑；青年人是理想主义者，他们处于内在激情的风暴之中；成年人是怀疑主义者，他们怀疑自己所选择的用来达到目的的手段是否正确；老年人则是神秘主义者，他看到许多东西似乎都是由偶然的机遇决定的，从而对现在、过去和未来所存有的事物总是给以默然承认。的确，正如歌德所指出的，一个人的性格并不是与生俱来，它是在一定的基础上随着人生的历程而形成和发展起来的。那么儿童的个性发展究竟经历了怎样的过程？存在哪些发展的规律？儿童心理学对此进行了深入的研究和探讨。虽然对于这一问题尚没有统一的认识，但一些研究者的理论无疑使人们对儿童个性的发展有了更加深入的理解。在此，我们简单介绍两个影响最为深远的儿童个性发展理论。

一、弗洛伊德的个性发展理论

儿童心理学里最著名的个性发展阶段理论是由弗洛伊德提出来的。弗洛伊德是19世纪末维也纳的精神病学家，也是著名的精神分析学派的创始人。有人将他和马克思、爱因斯坦合称为改变现代思想的三个犹太人。他的学说、治疗技术，以及对人类心灵世界的理解，开创了一个全新的心理学研究领域。

弗洛伊德服务的对象主要是一些精神病人，在与这些病人的接触和治疗过程中，他发现这些精神病人的发病与童年早期的经验有关。因此，他十分重视早期经验在人格①形成中的作用，并详细阐述了儿童人格形成的历程。

图7-1 精神分析之父：弗洛伊德

---

① 从不同的理论体系来看，个性和人格是两个并不完全相同的概念，但很多研究者都习惯将二者等同。本书在这里将两者作同义词用。

1. 人格结构的形成

弗洛伊德设想一个人的人格由三部分组成，即所谓的本我、自我和超我。本我是一个原始的、与生俱来的和非组织性的结构，我们可以把本我理解为人格的生物成分。它是人出生时人格的唯一成分，也是建立人格的基础。本我过程是无意识的，是人格中模糊而不可及的部分，我们对它几乎什么都不知道。不过，只要当一个人作出冲动的行为时，我们就可以看到本我在起作用。例如，一个人出于冲动将石块扔进窗户，或惹是生非，或强奸妇女，这时，他就处于本我的奴役之中。本我是非道德的，是本能和欲望的体现者，为人的整个心理活动提供能量，强烈地要求得到发泄的机会。本我遵循着"唯乐原则"工作，即追求快乐，逃避痛苦。

自我介于现实世界和本我之间，它是经过后天的学习，在本我的基础上发展起来的。儿童在发展的过程中，逐渐意识到现实生活和本我之间的需求在很多情况下是相互抵触的，他们逐渐学会了不能凭冲动随心所欲，他们逐步考虑后果，考虑现实的作用，这就是自我。自我的作用是要满足本我的本能需要，同时又要控制和压抑本我的冲动，使它只能获得为现实所许可的快乐。自我遵循"现实原则"行事，充当仲裁者，监督本我的动静，给予适当满足。弗洛伊德在《自我与伊底》一书中

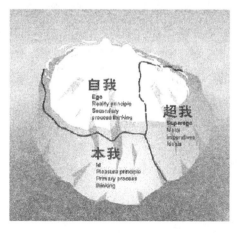

图 7-2 弗洛伊德的人格结构理论

把自我与本我的关系比作骑士和马的关系，马提供能量，而骑士则指导马的能量朝着他想去游历的路途前进。这就是说，自我不能脱离本我而独立存在，然而由于自我联系现实，知觉和操纵现实，于是能参考现实来调节本我。

假如人格中仅有本我和自我这两个结构部分，那么人就将成为快乐主义和兽欲主义的有机体，当他处于一种需要状态时，他就会从合适的环境对象中寻求对需要的直接满足。然而人格中还存在着使情况变得更加复杂的第三个结构部分，即"超我"。超我是人格中专管道德的司法部门。

超我是自我的一部分，它代表着社会的伦理道德，代表着一个力求完善的维护者。如果说自我的作用是调节本我与现实的关系，使本我有条件地获得满足的话，那超我就是高高在上的道德审判者，它不仅力图使本我的欲望延迟得到满足，而且尽量使它完全得不到满足。弗洛伊德的超我就是通常我们所说的良心，它按"至善原则"行动，当自我控制不了本我，并向本我妥协而违背了良心时，个体就会产生一种内疚感、犯罪感来惩处自己。超我的出现最晚，它是从儿童早期体验的奖赏和惩罚的内化模式中产生的，即根据父母的价值观，儿童的某些行为因受到奖赏而得到促进，而另一些行为却因被惩罚而受到阻止。这些带来奖赏和惩罚的经验逐渐被儿童内化，当自我控制取代了环境和父母的控制时，就可以说超我已得到了充分的发展。

综上所述，弗洛伊德认为一个人的人格是由本我、自我和超我三部分组成的，这三种结构成分是逐步发展形成的。本我是人格的原始成分，生来就有。自我是从本我中发展出来的，充当本我和现实世界的仲裁者。超我是从自我中产生并从自我中分化出来的。超我一旦产生，儿童就能控制自己的行为了。

2. 人格发展的阶段

弗洛伊德认为，每个儿童都要经历几个先后有序的发展阶段，儿童在这些阶段中获得的经验决定了他的人格特征。事实上，弗洛伊德相信成年人格实际上在生命的第5年就已形成。弗洛伊德认为，人格的发展，主要是本能的发展，本能的根源在于身体的紧张状态，多集中在身体的某些部位，称为动欲区。动欲区在发展的早期是不断变化的，首先是口腔，其次是肛门，然后是生殖器，据此他将人格发展分为五个时期，即口唇期、肛门期、性器期、潜伏期和生殖期。

弗洛伊德对人格发展的解释主要围绕性的主题。他认为在上述人格发展的五个时期里，每个时期都有与性有关的特殊的矛盾冲突，人格的差异与个人早期发展中性冲突解决的方式有关。如果某一时期的矛盾没有顺利解决，性的需求没有满足或过度满足，儿童就会在以后保持这个时期的某些行为，即"停滞现象"。"停滞"与"退行"是紧密联系的。所谓"退行"是指当个人受到挫折或焦虑时，他就会返回到早期发展阶段，出现幼稚行为，如哭泣、抽烟、酗酒等。一个人一旦发生退行现象，他总是倒退到他曾停滞的那个发展阶段。

弗洛伊德认为人格发展的五个阶段包括：

（1）口唇期：口唇期是每个孩子经历的第一个人格发展阶段。这个阶段跨越了大约生命的头18个月。在这一时期，婴儿主要通过吸吮、咀嚼、吞咽、咬等口腔的刺激活动获得满足。事实上，你只需要对一个6个月大的婴儿观察几分钟，就会发现几乎所有的东西都会被他放到嘴里。如果在这一时期出现一些创伤性的体验，就会导致口唇期人格。具有口唇期人格的成年人往往会倾向于依赖别人，并从事大量的口唇活动，诸如沉溺于吃、喝、抽烟与接吻等。在弗洛伊德看来,成人乐观、开放、慷慨等积极的人格特点和悲观、被动、退缩、猜忌等消极的人格特点都可以从这个发展阶段中发生的偶然事件找到原因。

(2)肛门期:肛门期出现在生命的第二年,动欲区在肛门区域。在这一时期,儿童必须学会控制生理排泄,使之符合社会的要求,也就是说儿童必须形成卫

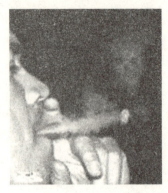

图7-3 弗洛伊德认为成人吸烟是口唇期未得到满足的表现

生习惯。在习惯的形成过程中,儿童与成人之间会不断地产生冲突。强烈的冲突可能导致所谓的肛门期人格。一种是肛门排泄的人格特征,表现为邋遢、浪费、无条理和放肆;另一种是肛门便秘型的人格特征,表现为过分爱干净、过分的注意条理和小节,固执和小气。因此,弗洛伊德提醒父母,对儿童大小便的训练不宜过早、过严。

(3)性器期:性器期出现在生命的第3—6年,它是弗洛伊德发展阶段理论中最复杂和争议最大的阶段。在这个阶段里,最显著的两个行为现象是"恋亲情结"和"认同作用"。恋亲情结因儿童性别的不同有"恋母情结"和"恋父情结"之分。根据弗洛伊德的说法,男孩子到了这个年龄,开始对自己的母亲产生一种爱恋的心理和欲求,同时又有消除父亲以便独占母亲的心理倾向。在另一方面,男孩子因为上面所说的一些想法而产生"阉割恐惧",害怕自己的性器会被父亲割掉。为了应付由此产生的冲突和焦虑,男孩子终于抑制了自己对母亲的占有欲,同时与自己的父亲产生认同作用,学习男性的行为方

式，这对个人的成长和社会化极为重要。弗洛伊德认为，与此类似的心理过程和行为反应也在女孩子身上发生，这就是所谓的"恋父情结"。女孩子最后也与母亲发生认同作用，而开始习得女性的行为方式。

弗洛伊德认为，适当地处理性器期的矛盾冲突是影响人格健全发展的重要因素。与父母亲的认同不但是超我发展的启端，同时也是两性行为方式的基本学习历程。弗洛伊德认为此一时期的矛盾冲突不易解决，因而产生滞留现象的机会很多，这乃是造成日后许多不良行为如侵略性人格和异常性行为的原因。

（4）潜伏期：儿童从五六岁开始，性冲动进入暂时停止活动的状态，这个时期一直持续到青春期开始。这个时期最大的特点是对性缺乏兴趣。男女儿童的界限已经非常清楚，常常分开做游戏，甚至互不往来。这种现象直到青春期开始才有所改变。

（5）生殖期：到了青春期，随着生理发育的成熟，于是进入人格发展的最后时期——生殖期。在这个时期，个人的兴趣逐渐地从自己的身体刺激的满足转变为异性关系的建立与满足，所以又称两性期。儿童这时已从一个自私的、追求快感的孩子转变成具有异性爱权利的、社会化的成人。弗洛伊德认为这一时期如果不能顺利发展，儿童就可能产生性犯罪、性倒错，甚至患精神病。

弗洛伊德的理论规模庞大、内容丰富、体系完整、见解奇特，对心理学界影响极其广泛。人们对这一理论的评价也是褒贬不一。有人将其奉为圣者，有人则将其贬为色情狂。但无论如何，他从一个崭新的视角提出了一个完整的人格发展的动态模式，从一个侧面说明了个体从出生到成年的人格发展规律和特征。

二、埃里克森的心理社会发展阶段理论

埃里克森的心理社会发展阶段理论是继弗洛伊德之后，又一个具有深远影响的人格发展理论。弗洛伊德认为，人格在6岁左右超我出现的时候就基本形成了。在弗洛伊德的理论中，成人人格的根本特点在那时就确定了。埃里克森对此提出了异议，他认为人格在人的一生中都在不断地发展。他提出了八个阶段，认为每一个人都经历这八个阶段，每一阶段对人格的发展都至关重要。

图7-4 心理学家埃里克森

埃里克森的八个阶段贯穿一生，每一个阶段都有一个发展的任务，也称作发展的"危机"。对于这些危机的解决决定了我们人格发展的方向。危机的解决有两种方式，一是适应，二是适应困难。如果在某一阶段适应良好，就会形成积极的个性品质。如果这一阶段的危机没有处理好，就会形成消极的个性品质，并影响随后人们解决危机的方式。在这里我们着重介绍他对儿童人格发展五个阶段的描述。

（1）基本的信任感对基本的不信任感（0—1岁）

这个阶段的儿童最为孤弱，因而对成人依赖性最大。婴儿是否得到了爱的照料、他们的需要是否得到了满足、他们的啼哭是否得到了注意，这些都是他们人格发展中的第一个转折点。如果婴儿的需要得到了满足，他们就会产生基本的信任感。他们会认为这个世界是美好的，人们是充满爱意的，是可

以接近的。然而，有一些婴儿却没有得到他们所需要的关爱和照顾，这会使他们产生一种基本的不信任感。这些儿童在一生中对他人都会是疏远和退缩的，不相信自己，也不相信他人。

（2）基本的自主感对基本的羞耻感与怀疑感（1—3岁）

这一时期，儿童掌握了大量的技能，如爬、走、说话等。更重要的是他们学会了怎样坚持或放弃，也就是说儿童开始"有意志"地决定做什么或不做什么。这时候父母与子女的冲突很激烈，也就是第一个反抗期的出现。一方面父母必须承担起控制儿童行为使之符合社会规范的任务，即养成良好的习惯，如训练儿童大小便，使他们对肮脏的随地大小便感到羞耻，训练他们按时吃饭，节约粮食等；另一方面儿童开始了自主感，他们坚持自己的进食、排泄方式，所以训练良好的习惯不是一件容易的事。这时孩子会反复应用"我"、"我们"、"不"来反抗外界控制，而父母决不能听之任之、放任自流，这将不利于儿童的社会化。反之，若过分严厉，又会伤害儿童自主感和自我控制能力。如果父母对儿童的保护或惩罚不当，儿童就会产生怀疑，并感到害羞。因此，把握住"度"的问题，才有利于在儿童人格内部形成意志品质。

（3）基本的主动感对基本的内疚感（3—6岁）

随着儿童开始与其他儿童交往，他们面临着进入社会生活的挑战。儿童必须学会怎样与其他人一起玩、一起做事，怎样解决不可避免的冲突。在这过程中，如果幼儿表现出的主动探究行为受到鼓励，幼儿就会形成主动性，这为他将来成为一个有责任感、有创造力的人奠定了基础。如果成人讥笑幼儿的独创行为和想象力，那么幼儿就会逐渐失去自信心，这使他们更倾向于生活在别人为他们安排好的狭窄圈子里，缺乏自己开创幸福生活的主动性。

(4) 基本的勤奋感对基本的自卑感（6—11岁）

大多数儿童在进入小学时，都相信自己没有什么事情是做不了的。但是用不了太多的时间，他们就会发现他们开始了与其他孩子的竞争。为了不致落后于众多的同伴，他们必须勤奋学习，但同时又渗透着害怕失败的情绪。如果儿童在学习上不断取得成就，在其他方面也经常受到成人的鼓励，那他们就会获得勤奋感。如果儿童在学业上屡遭失败，在日常生活中又常遭到成人的批评，就很容易形成自卑感。在这一阶段，教师在培养学生勤奋感方面发挥着重要的作用。如果一个自卑的学生遇到一位敏感的、教导有方的教师，成绩就有可能提高，从而使他重新获得勤奋感。

(5) 基本的自我同一感对基本的同一感分散或混乱（青少年期）

这一阶段的基本任务是发展自我同一感。所谓自我同一感就是一种关于自己是谁，在社会上应占什么样的地位，将来准备成为什么样的人以及怎样努力成为理想中的人等一系列感觉。青少年时期是一个迅速发展的时期，也是人一生中最困难的时期。在此之前，儿童只会对游乐场感兴趣，遇到的问题也比较简单。但是现在，他们突然要应付生活中的重要问题了。他们开始提出一个非常重要的问题，那就是"我是谁？"如果对于这一问题的回答是成功的，他们的自我同一性就形成了，他们对个人价值能独立地作出决定，了解自己是一个怎样的人，接受并欣赏自己。但是，很遗憾，有很多青少年不能够形成良好的自我认同感，出现了同一感的分散和混乱，这对其以后的人格发展产生了深远的不良影响。

正如我们所提到的，埃里克森的理论贯穿人的一生，在青少年期之后还有对青年、中年、老年期人格发展危机的描述。

对于后面三个阶段感兴趣的读者可以查阅相关的资料进行了解，在此就不一一进行介绍了。

第三节 哪些因素会影响儿童个性的发展？

前苏联著名教育学家苏霍姆林斯基曾把儿童比作一块大理石，他说，把这块大理石塑造成一座雕像需要6位雕塑家：1.家庭；2.学校；3.儿童所在的集体；4.儿童本人；5.书籍；6.偶然出现的因素。在这里，我们简单介绍一下儿童本身的特点和家庭环境对儿童个性发展的影响。

一、儿童本身特点与个性发展

在本章的第一节，我们讨论了儿童气质发展的特点。气质是儿童生来就具有的行为特点，它可以影响他人对待儿童的方式和态度，从而影响儿童个性的发展。事实上，除了气质以外，儿童的其他一些自身特点也可以影响其个性的发展。

1. 长相与人格

我们在生活中经常可以看到，一些长相俊俏的人常常对自己的容貌比较自信，这种自信表现在生活中的不同场景中。而一些长相丑陋的人，或说身体有缺陷的人，往往会因此而感到苦恼，在生活中表现出了更多的否定和消极的情绪。这从一个侧面告诉我们，儿童的体貌可以影响其个性的发展。

当然，儿童的长相尚不足以决定他以后的个性。儿童长相所影响的往往是他人，尤其是父母、老师和同伴对待他们的方式。如，体质强健的儿童由于不怕挨冻受热，父母往往会给予其更多的独立性，因而容易养成乐观开朗、生气勃勃的个性特点。而那些体弱多病的儿童，由于父母需要经常细心地照料他们，所以容易养成依赖的、神经过敏的、谨小慎微的个性特点。须强调的是，长相、体貌并不能决定儿童的个性发展。我们在生活中也可以发现，一些小孩虽然长相不差，可是由于家庭的不安宁、父母教养不当、学习成绩不佳等原因，一样会变得缺乏自信、依赖性强。而一个身体有缺陷的儿童，如果能够得到家庭和集体的关爱和帮助，他们一样可以发愤图强，取得很高的成就，获得他人的尊敬。

事实上，很久以前，人们就已经注意到个人的身型、相貌与个性的关系。美国一名叫做谢尔登的医生研究了人的体型与个性之间的关系。他提出人的体型总共可分为三种，而这三种不同体型的人其性格特点是有差异的。其中一类是体态属于均匀丰满的，称之为"内胚层型"。具有这种体格的人往往表现得悠闲自在、喜欢交朋友，做事慢条斯理，为人宽宏大量的特点。另外一种体态的人身体非常的健壮，称之为"中胚层型"。具有这种体格的人往往比较自信、精力旺盛，做事果敢、大胆。最后一类体型的人是高而瘦并且略显虚弱的人，称之为"外胚层型"，这种类型的人往往比较内向，做事拘谨，魄力略显不足，喜欢艺术等等。

有研究者采用谢尔登医生的分类对2—6岁的儿童进行了研究，研究结果发现，内胚层型的男孩好侵犯、霸道、难对付，而且具有嫉妒心，而内胚层的女孩则比较可爱，容易合作、随和，属于外向型性格。中胚层型的女孩精力旺盛，更加合作，而过剩的精力在男孩身上则表现为霸道、无礼、鲁莽、我行我素。外胚层体型的男孩子爱交际、腼腆、不好侵犯，渴望讨好别人，容易合作，而外胚层型的女孩则容易紧张、反复无常、执拗、爱挑剔、好争吵等等。

谢尔登的理论简单而又方便,很能引起人们的兴趣。但需要指出的是,这一理论把人的人格归纳得过于简单和绝对了,而在事实上这一理论也不是普遍适应的。身体强壮的人个性中一样会表现出忧郁的一面,因此在实际的生活中也不可据此就对某种体型的人有所偏见。

2. 身体发育与人格

身体成熟得早或迟会使同样年龄的儿童面临不同的社会心理环境,从而影响一个人的情绪、兴趣、能力和社会交往。身体成熟的早晚对男孩和女孩的影响是不同的,这在很大程度上是由于社会对男女孩的期望不同所造成的。

对于男孩子来讲,发育快、成熟早似乎是一件好事,而发育慢、成熟晚则可能会对儿童的个性发展造成消极的影响。一个个子矮小的男中学生,在同伴同学的眼中可能就像是一个小学生,于是在各类体育比赛中往往没有他的份,甚至还会成为同学的笑柄。不仅如此,由于长得比较矮小,父母和身边的大人往往会把他当成小孩看待,而对于自我意识已经觉醒的儿童来讲,有些时候这种有色眼镜就像是一种侮辱。长此以往,他们的个性中就会具有更多的依赖性和倔强劲。相比之下那些成熟早的男孩由于身体发育快,自己会觉得自己已经是个大人了,而其他人也更容易把他当作大人看待,因此这样的儿童往往会比较自信,性格中具有较强的独立性。

对于女孩子来讲,情况就大不相同了。成熟早的女孩相对于成熟迟的女孩来说,可能存在一些不利的影响。成熟早的女孩子往往在同伴之间的受欢迎程度比较低,显得比较退缩而且缺乏自信,心理也比较压抑。另外这些女孩还比较容易卷入越轨行为中,譬如部分女孩子会酗酒、在外面待到很晚才回家等等。相比较而言,晚成熟的女孩子则适应得好一些,她们的娇弱可爱更容易受到同伴的欢迎,社会交往能力发展得较好,往往是学校中的"领袖"人物。

须指出的是,身体发育的速度虽然会对个性的发展造成一定的影响,但二者之间绝对不是直接的一对一因果关系。个性本身是非常复杂的,有很多因素都会影响它的发展,身体发育的速度只不过是其中的一个影响因素而已。它可能造成的积极影响,完全会被其他的因素冲击掉。同样,不利的影响也可以通过其他的条件加以弥补。但是,了解了上述身体发育速度对个性发展的可能影响,我们就应该尽量避免一些可能由于早熟或晚熟而对儿童发展带来的消极影响。

二、家庭环境与儿童个性发展

家庭被称作是"制造人类个性的工厂",社会和时代的要求,都通过家庭在儿童心灵上打下了深深的烙印。就像著名的心理学家弗洛姆所说:"家庭是社会的精神媒介,通过使自己适应家庭,儿童获得了后来在社会生活中使他适应其所必须履行的职责的性格。"许多心理学家都相信,儿童个性的形成,最关键是生命的头几年。而在这段时间里,儿童生存的主要环境就是家庭。家庭环境中的很多方面都可以影响儿童个性的发展,如父母的性格、社会地位、教育水平、宗教信仰,以及家庭的经济收入水平等等。儿童心理学有关家庭环境和儿童个性发展之间关系的研究主要集中在父母的教养方式和家庭结构两方面。

1. 父母教养方式与儿童个性发展

父母对待和管教孩子的方式是千差万别的,有的父母对孩子百依百顺、有求必应,而有的父母却武断专制、严厉有加。心理学家对父母的教养方式进行了简单的归类,分作四种类型，即娇宠型父母、专制型父母、冷漠型父母和权威型父母四大类。现在，简单介绍一下这四类教养方式的特点，以及不同的教养方式对儿童个性发展会产生怎样的影响。

1.1 娇宠型父母

娇宠型的父母往往对孩子娇生惯养，这事实上是最常见的一种错误家庭教养方式。父母对小孩的任何要求不假思索地答应，对小孩百依百顺，任凭其呼风唤雨，对于一些不合理的要求和行为也不加以制止。却不知如此的娇纵会导致小孩子形成任性、无理取闹、唯我独尊、缺乏礼貌等一系列不良的性格特征。就像法国教育家卢梭所说："你知道用什么方法可以使你的孩子成为不幸的吗？这个方法就是对他百依百顺。"

1.2 专制型父母

这类父母对孩子的要求很严厉，提出很高的行为标准，有些要求甚至达到不近人情的地步，孩子在这样的父母面前没有丝毫讨价还价的权利。如果孩子出现少许的抵触，这种类型的父母就会采取体罚或者其他的惩罚方式。这样的教育方式极易引起孩子的逆反心理和过度叛逆行为。当孩子的反抗被压服时，他们的自尊、自信、自爱和创新精神等许多宝贵性格特征便被随之毁掉，逐渐形成粗暴、冷漠的性格，或形成执拗、怪癖、神经质、情绪不稳定、自卑等性格。

1.3 冷漠型父母

这种类型的父母对孩子的一切行为举止采取不加干涉的态度，放任自由。他们既不会对孩子提出什么要求和标准，也不会表现出对孩子的关心。他们对孩子成长做出的唯一贡献就是提供食品和衣物。父母之所以会采用这样的方式对待自己的孩子，可能是因为父母自己的生活中充满了生存的压力或者遭遇了重大的挫折、不幸。但不管出于什么原因，这种极端的忽视可以视作是对孩子的一种虐待。在这种条件下成长起来的儿童易形成冷酷的、情绪不安或消极的、与世无争、玩世不恭的不良性格。这样的环境造就的小孩子基本表现得自傲、自狂、目空一切、自以为是。

1.4 权威型父母

这种类型的父母不任意干涉孩子的活动，但不是放任自流，而是显示对孩子的爱护与尊重，父母严格要求孩子但不苛求。遇事同孩子商量，不把成人的意见强加给孩子。简而言之，这种抚养方式的特点就是理性、严格、民主、耐心和爱。这种严格而又民主教养的态度易使孩子形成亲切温和、情绪稳定和深思熟虑的性格或者形成独立、直爽、积极、协作的个性。

从上面的论述中不难看出，对于孩子的个性发展而言，权威型的父母是最好的。这种类型的父母对孩子关爱但绝不放任，有要求但不苛求，充分尊重儿童自身发展的特点，关注他们自我的感受，因而可以帮助他们形成良好的个性特点。

2. 家庭结构与儿童个性发展

随着社会的发展，我国目前的家庭结构发生了很大的变化。三代同堂的大家庭逐渐减少，核心家庭增加，单亲家庭的数量也有了大幅度的上升。儿童心理学有关家庭结构与儿童个性发展关系的研究主要集中在离异的单亲家庭对儿童个性发展的影响上。

单亲家庭是一种不完整的特殊家庭。我国目前单亲家庭有1500多万个，其中因离异而造成的占80%。在我们这个传统家庭观念浓厚的社会里，单亲家庭的孩子注定要比健全家庭的孩子面临更多成长中的困惑和压力，不少孩子幼小的心灵因此而蒙尘。那么具体来讲，单亲家庭究竟会对儿童的个性发展产生怎样的影响呢？

美国一些学校的心理学家就离婚对儿童的影响进行了调查，他们发现父母离婚对儿童有着不同程度的影响。不同年龄的离婚家庭，儿童的适应和反应是不同的：（1）2岁半—3岁3个月儿童表现出的是倒退行为。（2）3岁8个月—4岁8个月的儿童表现出易怒、攻击性行为、自我责备和迷惑。（3）5—6岁的儿童表现出更多的焦虑和攻击性行为。（4）7—8岁儿童表现出悲哀、害怕以及希望和解的幻想。（5）9—10岁的儿童表现出失落感、拒绝、无助、孤独及愤怒与忠诚的矛盾。（6）11岁以上的儿童表现出悲伤、羞耻，对未来和婚姻感到焦虑、烦恼、退缩。

研究还发现，离婚对男孩的影响要大于女孩。单亲家庭的男孩会表现出更多的心理和行为问题，他们往往会变得更富有攻击性、冲动、依赖和焦虑。而女孩子则表现得并不是非常明显。

单亲家庭的孩子，其个性中往往会存在哪些不足呢？研究发现，在这种家庭结构中成长起来的孩子容易说谎，表现出比较明显的失落感和自卑感。他们感受不到双亲的关爱，容易形成怯弱、内向、多疑的性格。不仅如此，有些单亲家庭的孩子在性别角色认同上会存在一定的问题，之所以产生这样的问题，是因为家庭的离异，造成孩子被迫与父母中的一人生活。如果男孩与母亲生活在一起，那么他们接触更多的是女性的角色行为，生活里缺少了具有阳刚之气的父亲的榜样，性格中也就缺少这方面的特征；相反，如果女孩与父亲生活在一起，那么她们接触更多的是男性的角色行为，生活里又可能缺少了具有阴柔之美的母亲的榜样，性格中也就缺少这方面的特征，变得大大咧咧，这对其成年以后的行为及社会适应能力无疑会产生重要的影响。

儿童个性的形成和发展受到方方面面因素的影响,除了我们在上面分析的几种因素之外,还有家庭的氛围、父母的榜样、同伴关系、班集体的氛围、教师的性格和管教方式等等。此外,由于我国特殊的人口政策,独生子女占据了儿童青少年的大多数,他们的个性发展会存在哪些特殊的问题。这些都是儿童心理学家所关心的问题。他们开展了大量的研究,限于篇幅在此就不一一介绍了,感兴趣的读者可以查阅相关的资料进行深入的了解。

父亲在儿童心理发展中的作用

家庭是社会的细胞,同时也是儿童成长的重要环境之一。在众多影响儿童心理发展的家庭因素中,母亲的作用历来备受关注,而父亲的作用长久以来却没有得到足够的重视。

父亲在儿童心理发展过程中的作用之所以受到淡化,究其原因无外乎以下几个方面:一是受传统儒家思想的影响,一些父亲主动地放弃了对子女的教育责任。传统的中国儒家哲学主张"男主外女主内",认为父亲是一家之主,主要应该为事业奋斗,是家庭的供养者,主要承担家庭的经济责任,而子女的教育则相应的由母亲来承担。其次,某些错误的教育观念也导致了父亲在家庭教育中作用的弱化。传统的"慈母严父"的角色定位,使得很多父亲认为"严父"就是板着面孔训斥子女,这导致了子女与父亲关系的疏远,在一定程度上也导致父亲失去了对子女教育的权利。

事实上，越来越多的心理学研究表明父亲在儿童的心理发展过程中扮演着极其重要的角色，而这一角色是无法由母亲来替代的。譬如，在婴儿时期，父亲与母亲对于孩子的拥抱有着不同的意义。母亲往往是为了安抚婴儿，而父亲往往是为了与婴儿游戏，把他们高高抱起，通过身体运动和肢体接触，让其多多探究。母亲与儿童的游戏往往是语言性的、教导性的，而父亲与儿童的游戏往往动作幅度大，具有刺激性，而这对于儿童的动作发展有着重要作用。著名心理学家格尔曾经说过："父亲的出现是一种独特的存在，对培养孩子有一种特别的力量。"那么，父亲在儿童心理发展中的作用主要体现在哪些方面呢？

（一）父亲在儿童认知发展中的作用

英国文学家哈伯特曾经说过"一个父亲胜过一百个校长"。有研究发现，母亲在与儿童游戏时，往往是进行一些熟悉的游戏，而父亲往往会和儿童进行一些比较刺激的新奇的游戏。由于父亲性格、智力等的一些特点，经常和父亲相处的儿童可以从父亲那里获取更多的知识、经验、想象力以及创造力。有研究表明，父亲对自己的孩子越是关心、照顾，孩子以后就可能越聪明、富于好奇心，其智商往往也较高。沙格的研究也证实，父亲较多地参与与儿童的交往，能提高儿童的认知能力、成就动机以及自我效能感。另外，父亲也是联系社会与家庭的纽带，他能把社会的信息带给孩子，使孩子的注意力从家庭转向社会，激起儿童对于外界的兴趣，开阔儿童的视野。从而使儿童从家庭步入社会，并在社会的大舞台上扮演起自己的角色。

(二) 父亲在儿童性格发展中的作用

和母亲的形象相比,父亲的形象通常是果断的、独立的、自信的、坚强的、宽容的,他们敢于冒险、积极进取、勇于克服困难。儿童常常会有意无意地从父亲的身上观察并学习其行为方式和性格特点。经常与父亲接触的儿童,往往社交能力比较强,同伴关系比较融洽。而缺乏父亲关爱的儿童则普遍存在着焦虑、自尊心低下、自制能力弱等特点。这类儿童抑郁、孤独任性,依赖行为较为普遍。有研究发现,缺少父爱的儿童表现出比其他儿童更高的犯罪率。在南非,没有父亲的儿童更容易陷入到吸毒的泥潭当中。而美国的研究则发现,父亲的缺失会导致儿童反社会行为的增加。此外,父亲的缺失也是导致女儿自杀的重要原因之一。

(三) 父亲在儿童性别社会化发展中的作用

在儿童的性别社会化过程中,父亲的榜样作用会影响儿童性别同一性的形成和发展。儿童最初是通过模仿父母,进而模仿其他的男性女性来形成自己的性别角色认同的。男孩子往往把父亲看作将来发展自己男性特征的最现实的楷模。心理学研究发现,如果没有一个固定的父亲形象,儿童会缺乏角色认同感。男孩子会缺乏相应的男性特征,从而变得软弱、缺乏独立自主性,形成一种女性化倾向。同时这些男孩的社会适应能力也比较差,难以适应男性的独立生活。同时,男孩子也是从父亲那里学会了对待异性的方式。如果父亲尊重母亲,以体谅爱护帮助的态度对待她,那么这个男孩也会以同样的方式对待异性。对于女孩子而言,其女性化的发展同样和父亲有关。父亲身上的男性品质是她在今后社会生活中的参照。青春期的女孩常常把父亲看作是异性伴侣，甚至是未来丈夫的模板。

由此可见，父亲在儿童的成长过程中起着特殊而重要的作用。正如德国哲学家弗洛姆所说："父亲虽不能代表自然界，却代表着人类存在的另一极，那就是思想世界，科学技术的世界，法律和秩序的世界，风雨的世界，阅历和冒险的世界。父亲是孩子们的导师之一，他指给孩子通向世界之路。"

第八章 "心灵的装饰过程"
——儿童道德的发展

> 有两件事我愈是思考就愈觉得神奇,心中也愈充满敬畏,那就是我头顶上的星空与我内心的道德准则。
>
> ——康德

> 人类最重要的努力,是在我们的行为中追求道德,我们内心的安定,甚至我们的生存都离不开道德,只有道德行为,才能给生命以美和尊严。
>
> ——爱因斯坦

每一位父母都希望自己的孩子是完美的,他们希望自己的孩子健康、聪明,有好的个性。这些都是我们前面章节所探讨的问题。但与此同时,作为家长更希望自己的孩子能够明辨是非,遵循道德的准则与他人交往。道德是一个关于人类行为正确与否的信念、价值和深层判断系统。社会需要儿童发展成为一个有道德感，并遵循道德准则而行动的成人。那究竟什么是道德？哪些人可以称得上是有道德的人呢？

有研究者将上述问题抛给了在校的大学生，大学生通常认为道德意味着具有以下能力：（1）能够明辨是非，也就是说能够认识到是非的界限；（2）能够根据是非判断做出相应的行为；（3）对好的行为能够感到自豪，而当行为违背了个人准则时则会体验到内疚和羞愧。上述三个答案刚好反映了儿童心理学家所关注的三个道德成分，即道德认知、道德行为和道德情感。其中道德认知研究关心的是儿童对是非、善恶等行为准则的认识。道德行为研究着重关注儿童的攻击和亲社会行为。而道德情感研究则关注儿童遵守或违背道德准则之后的内心体验。我们不妨先来看看儿童对于是非对错的认识是怎样一步步发展成熟的。

第一节 儿童如何认识道德？

儿童的道德行为在很大程度上取决于儿童的道德判断，换句话说，只有在儿童对规则、法律和人际关系等有了一定的认识和判断之后，才有可能依据这些判断有意作出符合或者不符合道德规范的行为。儿童对道德准则、法律和人际关系等的认识有一个逐步发展成熟的过程。他们会按照道德阶段的固定顺序发展，每一个阶段的发展都代表着对道德问题更进一步成熟的理解。最早对儿童道德认知发展的研究来自于皮亚杰，另外一名研究者劳伦斯·科尔伯格则在皮亚杰的基础上作了进一步的深化。

1. 皮亚杰眼中的儿童道德发展

为了研究儿童有关道德的想法,皮亚杰花了很长时间和一些5—13岁的儿童玩弹球游戏。在玩的过程中,皮亚杰会经常问孩子:游戏中的规则是从哪里来的?是不是每一个人都要遵守规则?规则能改变吗?另外,他还会经常给孩子讲故事,这些故事常常是成对出现的,里面会包含一些道德的决策。譬如说,皮亚杰在研究中使用的一个例子:

故事A:一个叫约翰的小男孩,听到有人叫他吃饭,就去开厨房的门。他不知道门外有一张椅子,椅子上放着一只盘子,盘子里有15只茶杯,结果撞到了盘子,敲碎了15只杯子。

故事B:有一个男孩名叫亨利,一天,他妈妈外出,他想拿碗橱里的果酱吃。他爬上椅子伸手去拿,因为果酱放得太高,他的手够不着,结果在拿果酱时,碰翻了一只杯子,掉在地上碎了。

下面是实验者与一名6岁儿童的对话:

"这个故事你懂吗?"

"懂。"

"头一个孩子干了什么?"

"他敲碎了15只杯子。"

"第二个孩子呢?"

"他不当心敲碎了1只杯子。"

"第二个孩子怎么会打碎杯子的呢?"

"因为他笨手笨脚,拿果酱的时候杯子倒了下来。"

"这两个孩子哪一个更调皮?"

"头一个,因为他敲碎了15个杯子。"

"如果你是爸爸,你会对哪一个惩罚得厉害一些?"

"打碎15个杯子的那个。"

"为什么他会打碎15个杯子的呢?"

"门关得太紧,被撞倒的。"

"那么第二个男孩呢?"

"他想拿果酱,手伸得太远,杯子摔碎了"

"他为什么要拿果酱呢?"

"因为他只有一个人,他妈妈不在那儿。"

在这个研究中,皮亚杰发现5岁以下的儿童没法作出比较,6岁以上的儿童能够作出回答。6—7岁的儿童会说约翰更坏一些,约翰打碎了15个杯子,而亨利只打碎了1个杯子,因此约翰比亨利更坏。他们是根据行为的后果来作出道德的判断。与此相反,到了10岁左右的时候,儿童会说亨利更坏些。约翰开门时不知道有杯子在门后,所以是无意中打碎的。而亨利则是趁妈妈不在偷吃东西时打碎的。这时候的儿童已经开始注意行为的动机和意图了。

运用上述技术,皮亚杰发现儿童的道德发展有着一个普遍的发展阶段,他认为儿童的道德发展包括一个前道德期和两个道德阶段。

前道德阶段(1.5—7岁)

根据皮亚杰的观点,处于这一年龄阶段的儿童很少表现出对规则意识的关注。同样的行为规则,如果是来自父母他们就愿意遵守,如果是来自同伴他们就不会遵守。在他们眼中,对父母要说真话,而对同伴则可以说假话。他们分不清公正、义务和服从,他们的行为既不能说是道德的,也不能说是非道德的。

他律道德阶段(5—10岁)

所谓的他律就是在他人的控制之下。处于这一年龄阶段的儿童对规则有着很强的意识，他们会在游戏中坚决地维护规则。在他们看来，规则是由一些权威人物如神灵、警察或父母制定的。他们会把规则看成是神圣不可侵犯的。譬如说，当一个6岁的儿童看到救护车闯红灯时，会觉得这是违规的行为，应该受到惩罚。

处于他律阶段的儿童通常会根据行为的后果而不是意图来判断行为的恰当性。譬如，在上面的例子中，这一阶段的儿童会觉得打破15个杯子的约翰比打破1个杯子的亨利更坏。处于这一阶段的儿童把惩罚看作是天意，而且赞成严厉的惩罚。譬如，当一个6岁的小孩看到另外一个男孩打破了窗户玻璃时，他的反应很有可能是冲上去打那个孩子一顿，而不是要那个男孩赔偿损失。

自律道德阶段（9—11岁以后）

10岁以后的儿童逐渐意识到了规则是主观的协议，任何规则都可以怀疑，可以改变。而且在规则之上有更高的原则在，有时候为了满足人类的需要也是可以违背规则的。譬如，这时的儿童看到救护车闯红灯就不会再觉得这是不道德的。

自律道德阶段的儿童开始根据人行为的意图而不是结果来作出判断，他们会说亨利的行为比约翰更不当，因为亨利是要去偷吃果酱才打破了1个杯子，而约翰则不是故意的。处于自律阶段的儿童开始不再相信固有的公平，他们从经验中也了解到，有一些违反社会规则的人并没有被发现或者受到惩罚。

是什么导致了儿童从他律道德向自律道德的转换？一方面的原因来自于儿童自身心智的成熟，另外一方面环境也发挥了重要的作用。10岁左右的儿童在生活上有一个比较大的转变，那就是他们开始上学了。在学校的学习过程中他们有了更多的时间和同龄的孩子在一起玩耍嬉戏。在游戏的过程中，同伴之间意见的不一致时有发生。通过这些经验，孩子们意识到：人们对于道德行为可能会持有不同的观点，意图应该作为判断行为的标准。

皮亚杰是研究儿童道德认知的先驱，他的理论在很大程度上反映了儿童道德发展的轨迹。然而，皮亚杰理论面临的一个问题是，是不是10岁以后的儿童其道德认知已经得到充分的发展了呢？劳伦斯·科尔伯格并不这么认为。

2. 科尔伯格的道德发展理论

科尔伯格的研究在很大程度上是追随皮亚杰的脚步进行的，他所关心的问题是道德认知一生的发展。为了达到这样的研究目的，科尔伯格设计了一系列道德两难问题向儿童青少年提问。这些故事里常常充满着规则与人性价值观之间的冲突。在这些故事中最典型的是"海因茨偷药"的故事：

> 欧洲有一个妇人患了癌症，生命垂危。医生认为只有一种药才能救她，就是本城的一个药剂师最近发明的镭。制造这种药要花很多钱，药剂师索价还要高过成本的10倍！他花了200元制造镭，而这点药他竟然要价2000元。海因茨是这个生病妇女的丈夫，他四处向熟人借钱，一共才借得1000元，只够药费的一半。海因茨不得已，只好告诉药剂师，他的妻子快要死了，请求药剂师便宜一点卖给他，或者允许他赊欠。但药剂师说："不成！我发明了这个药就是用来赚钱的。"海因茨走投无路竟撬开了商店的门，为妻子偷来了药。

和皮亚杰一样，科尔伯格关心的并不是儿童回答是还是否，而关键在于是和否背后的理由。所以，如果儿童回答"海因茨应该偷药挽回他妻子的生命"，那么他会进一步追问为什么支持海因茨偷药。科尔伯格相信通过这样的方式可以确定被试的道德发展水平。

在科尔伯格的理论中，儿童到青春期乃至成人期的道德水平日趋复杂。可以分作三个道德水平，而每一个道德水平又包括两个不同的道德阶段。需要再次强调的是，阶段的划分不是取决于儿童是和否的回答，而是回答之后的思维特点。在科尔伯格的阶段理论中，每一个阶段的被试都有可能回答是，也有可能回答否。他们的差异在于支持和反对背后的理由有所不同。下面我们来看一下这三水平六阶段的道德发展理论的基本内容。

图 8-1 心理学家劳伦斯·科尔伯格

水平一：前习俗水平的道德

对处于这一阶段的儿童来讲，道德是由外部控制的。他们没有自己内在的道德观念。儿童为了回避惩罚或赢得奖励而遵守权威制定的规则。导致惩罚的行为被看作是坏的，导致奖赏的行为被这一阶段的儿童看作是好的行为。

阶段一：惩罚与服从定向。在这个阶段的孩子发现在道德困境中考虑两种观点是非常困难的。结果，他们往往会忽视人们的意图，而是通过行为的结果来判断行为。一种行为造成的伤害越严重或者受到的惩罚越严厉，那么这种行为就越不恰当。而对于没有被发现或者没有受到惩罚的行为，他们不会觉得这种行为有什么不妥。处于这一阶段的儿童对于两难故事的反应可能是：

赞成偷药："如果你让自己的妻子死去，你就会陷入困境。因为没有花钱去帮助她，你会受到责备。由于你妻子的死，你将会面临一项针对你和药商的调查。"

反对偷药:"你不应该偷药,如果你那样做了,你会被抓住并且送进监狱。如果你跑掉,警察很快就会追上你。"

从上述的回答,我们可以清楚地看到,这一阶段儿童判断行为得当与否的标准在于是否会受到惩罚。

阶段二:天真的享乐主义。在这一阶段,儿童之所以会遵守规则,是为了要获得奖赏或者满足自己的需要。他们也可能会考虑他人的观点,但这个时候的动机主要是能够获得回报。这一阶段儿童支持和反对偷药的理由可能是:

赞成偷药:"海因茨没有对药剂师作出什么伤害行为,他以后可以再把钱还给他。如果他不想失去妻子,那么他就应该去偷药。"

反对偷药:"药剂师没有错,他只是跟其他人一样希望赚钱。也就是他只是借此赚钱而已。"

在这里,判断行为的标准已经从避免惩罚变成了获得奖赏或者回报。

水平二:习俗水平的道德

在这一阶段,人们继续把遵守社会规则看作是重要的,但这样做并不是为了维护自己的利益。处于这一阶段的人们认为,积极地维持现在的社会制度可以确保人与人之间关系的和谐,保证社会的有序。这时候儿童已经能够明确地意识并认真考虑他人的观点。

阶段三:"好孩子"定向。处于这一阶段的儿童认为有道德的行为就是指那些受人欢迎、对他人有帮助的行为。他们想通过做一个"好人"来维持自己与亲人和朋友之间的关系。在这一阶段,儿童对道德的判断往往是根据意图来进行的。良好的意图是非常重要的,在海因茨两难问题中的典型反应如下:

赞成偷药:"如果你偷了药,没有人会认为你是坏人,但如果你没有偷药,你的家人会认为你是一个没有人性的丈夫。如果你让自己的妻子这样死去,你将永远不敢正视任何人。"

反对偷窃:"不仅仅药商认为你是一个罪犯,其他的任何人也会这么认为。在你偷了药之后,你就给自己的家庭和自己带来了极大的耻辱。你将不能面对任何人。"

阶段四:维持社会秩序取向。这一阶段的儿童开始考虑普通大众的观点。他们认为服从法律规则的事情就是正确的,社会的每一个成员都有义务来维持法律的尊严。在任何情况下都不能违背法律,因为这对于确保社会秩序来说是非常重要的。从下面的反应中我们可以看出,法律是凌驾于特定的利益之上的:

赞成偷药:"如果药剂师对生命垂危的人置之不理,这是很不应该的;所以海因茨的责任就是挽救他的妻子。但海因茨不能因此去违法,他必须赔偿药剂师,并且应该因偷药受到惩罚。"

反对偷药:"海因茨想挽救妻子的生命是可以理解的,但是他采取偷盗的办法解决问题是不对的。不管在什么情况下个体都应该遵守规则。"

水平三:后习俗水平的道德

处于这一阶段的人们已经超越了对法律规则的无条件支持,他们相信有比法律和规则更重要的东西,如人性和更加宽泛的公平原则。这种公平的原则可能会与法律、权威发生冲突,这时候前者更加重要。

阶段五:社会契约定向。在这一阶段中,人们不再把法律置于高高在上的位置,而是将其看作反映大多数人意志和促进人类幸福的工具。如果法律能够做到这一点,那么每一个人都有责任遵守法律。如果某些法律，尤其是强制性的规则损害了人类的权利和尊严，那就值得质疑。从下面的回答中我们可以看出合法与合乎道德的区别：

赞成偷药："尽管有法律来反对偷药，但是法律并不意味着有违背一个人生命的权利。取走药违背法律，但海因茨在这种情况下的偷窃是正当的。如果海因茨由于偷窃而被控告，那法律需要被重新解释，因为它违背了人类维持生命的天生权利。"

反对偷药："我能明白非法偷药的好处。但是这种结果并不能证明其用意的合法性。法律反映了人们应该如何和谐地生活在一起，海因茨有责任遵守这些规定。你不能说海因茨偷药是完全错误的，但也不能说他是对的。"

阶段六：普遍的伦理原则。在这个最高的阶段，个体判断是非对错的依据是在良心基础上形成的道德原则。这些价值观是抽象的，它凌驾于任何可能会与之产生冲突的法律或社会契约之上。这些观念包括：对所有人类要求的同等考虑，对每个人价值和尊严的尊重。下面是海因茨两难问题中处于第六阶段的反应：

赞成偷药："当个体必须在破坏法律和挽救生命之间作出选择的时候，挽救生命的更高原则使偷药行为在道德上是正确的。"

反对偷药："在癌症病例很多而药物又相对缺乏的情况下，根本不可能满足所有人的需要。正确的行为应该是为所有人认可的。海因茨不应该按照自己的意愿或法律行动，而是应该根据他所认为的一个公平的人在这种情况下的做法去行动。"

在科尔伯格后期的论著中，他指出，阶段六是理论上的，很少有人能够达到，而且在他的被试里也没有一个人表现出这一阶段的特征。但是他仍然假设可能还存在第七个阶段,这一阶段的道德认知已经超越了道德认知而进入了宗教信仰的领域。

第二节 儿童的攻击行为

前不久,网上报道了这样一件事:哈尔滨市一名初二的学生因受不了同学的欺侮而在家中上吊自杀,他在自杀前的遗书中写出了他被欺侮的情况:"我经常被四个学生勒索钱。而今天,怎么也弄不到给他们的钱……我感到悲痛欲绝!从小学五年级开始就有点受欺侮,从初中一年级开始就被强行勒索钱……我经常被他们当作跑腿儿驱使着。而且,有时被迫干我自己感到惭愧而无法办到的事……"

攻击行为是在儿童、青少年中间很常见的一种社会行为。近年来,我国的校园欺侮事件和青少年街头暴力事件日益增多。据北京市的一项调查显示,有相当一部分青少年都曾有过殴打父母的经历。那么什么是攻击?儿童的攻击行为是怎样发展过来的?哪些因素会提高攻击出现的频率?我们应该如何控制儿童的攻击行为?这些问题正成为社会各界关注的热点,儿童心理学研究在一定程度上可以帮助我们回答上述问题。

1. 什么是攻击行为?

什么样的行为可以算作是攻击行为呢?目前来看,大家比较一致的观点认为,任何一种对他人或其他生物体有意的伤害行为都可以算作是攻击行为。须注意的是,对攻击的定义更多的是按照攻击者的意图而不是后果来判定的。换句话说,一个小孩想踢另外一个小孩,但没有踢到,同样也可以归为攻击行为之列。而我们在日常生活中看到的同伴之间的嬉戏打闹则不能纳入到攻击行为之列,因为参与者并没有伤害的意图。

第八章 "心灵的装饰过程"

图 8-2 可怕的儿童攻击行为

儿童的攻击行为通常可以分作两种，一种是敌意性攻击，另外一种称作工具性的攻击。如果一名儿童的主要目的就是简单地要伤害他人，那这种攻击就可以称作敌意性攻击。而如果一名儿童攻击的目的不是伤害他人，而是想通过这种方式达到其他目的，那就属于工具性攻击一类。譬如说，哥哥打哭了妹妹，抢走了她的玩具，那这样的行为就属于工具性攻击。

2. 攻击行为的起源和发展趋势

婴儿的攻击行为

儿童的攻击是从什么时候出现的呢？有研究者认为，儿童与同伴之间的社会性冲突在儿童出生后的第二年就开始了。也有的研究者认为这个时间还要提前。心理学家卡普兰在观察 1 岁婴儿的活动中发现，当一个婴儿抓住另外一个婴儿也想要的玩具时，这两个婴儿的态度会变得非常的强硬。这时候即使大人再给他们提供一个完全相同的玩具，他们也会视而不见，而是试图通过制服对方来夺取原来的玩具。这意味着，在 1 岁末的时候，婴儿的攻击行为就已经开始出现了。

2岁的婴儿与他人之间的冲突和1岁相比有增无减,但是在很多情况下,他们已经开始学着用协商或者共享的方式来解决这些冲突,而不是将其诉诸武力。所以我们在生活中观察到2岁儿童的攻击行为比原先少了很多。父母在这方面扮演了重要的角色,他们对冲突的干预,教会了孩子可以用友善的方式解决冲突。在这一点上,日本母亲表现得尤为出色。她们尤其不能容忍孩子伤害他人的行为,而是会鼓励孩子压抑自己的愤怒。日本学前儿童就已经很少会在人际冲突中表现出愤怒的情绪,也较少表现出攻击性的行为。

儿童早期和中期的攻击行为

随着儿童从婴儿逐渐长大,开始上幼儿园,他们的攻击行为也发生了巨大的变化。原先身体攻击逐渐被口头攻击所代替。之所以出现这样的变化,一方面是儿童语言上有了快速的发展,另外一方面,成人对身体攻击的限制使得推、打、踢、咬等行为日趋减少。这时候的儿童开始学着嘲笑他人,说别人的坏话,给别的小朋友起外号等等。那么,这些学前儿童主要是因为什么吵架呢?研究发现,在大多数情况下都是由于抢玩具或其他物品而引起的。也就是说,他们的攻击行为大部分还属于工具性攻击。

到了上学的时候,大多数的孩子攻击行为都减少了,他们已经学会了用友好的方式来解决大多数的争端。男孩子比女孩子更容易进行一些公开的攻击,但这并不意味着女孩子的攻击比男孩子少。只不过她们的攻击手段更加的隐蔽,她们往往会采取一种关系性的攻击。譬如说,男孩和同伴吵架的时候,他们经常会进行身体的攻击,如两个人在一起厮打等。而女孩子则比较少表现出直接的身体攻击,但她们会使用另外的攻击方式,如在同学中散布谣言、在小群体中排斥对方等等。由于对于女孩来讲，与他人亲密而融洽的关系远比控制和战胜对方来得重要，所以这种关系性的攻击杀伤力同样不可小觑！

青少年期的攻击行为

尽管青少年期大多数年轻人的攻击行为都下降了，但并不意味着青少年的行为表现有所好转。在这一阶段，女孩子的关系攻击更加的微妙，而且更具有伤害性。而一部分男孩子的攻击行为开始向不良的行为转化，如偷窃、逃学等。于是，令人担忧的青少年犯罪问题开始显现。在美国，21岁的青少年占到了罪犯总数的30%。对于这个年龄阶段的青少年来说，他们很少会犯很大的错误，但一些小偷小摸和破坏社会秩序的行为却时有发生。在这里，同伴群体扮演了重要的角色。如果一个青少年接触了不良的同伴群体，他们就有可能会为获得同伴的赞同而表现出一些不良的行为，虽然他们在大多数情况下能够认识到行为的不当，但是同伴群体的压力使得他们还是实施了这些行为。因此，对于这一年龄阶段的青少年，要格外关注他们的同伴交往。

3. 为什么有的孩子更具攻击性？

现实生活中，我们可以看到，部分孩子的攻击性是非常强的。不仅如此，这种强烈的攻击性还具有稳定性，换句话说，攻击性强的孩子到了30多岁的时候同样会表现出高的攻击性。而且这种高的攻击性很有可能就传递给了自己的下一代，使得他们的孩子在童年就表现出更多的行为问题。那么是哪些因素导致了高攻击性儿童的出现呢？

导致儿童高攻击性的原因是多方面的。这里面有遗传的原因，如我们在前面讲过，高攻击性的父母容易生下高攻击性的孩子。社会大环境在其中也发挥了重要的作用，处于战争阴影下的儿童也会表现出较高的攻击性。上述两种因素在很大程度上是我们所不能改变的,但也有一些因素是我们能够把握的。

家庭的影响

家庭在儿童攻击行为的发展过程中扮演了重要的角色,从某种意义上讲,不良的家庭环境是孕育攻击和不良行为的场所。家庭对儿童攻击性的影响主要是通过两种途径进行的,一是父母的教养方式,二是家庭的情感氛围。

父母的教养态度和教养方式对儿童攻击性倾向的形成有着重要的作用。有研究表明,攻击性强的孩子,其父母往往是采取冷淡、拒绝的教养方式,他们独断专行、喜怒无常,对于孩子的攻击行为要么进行严厉的体罚,以暴制暴,要么就是放纵孩子的攻击行为。这两种极端的做法都会导致儿童攻击性的提高。纵容孩子的攻击行为会让他们意识不到攻击行为的危害,于是当他们遇到冲突的时候会更多地采取这样的处理方式。而用武力惩罚孩子的父母在很大程度上是给孩子树立了一个不好的榜样,他们可能会在父母的武力下妥协,但在面对自己的同伴时,就会采用同样的暴力性反应来应对。

另外,父母是否关注儿童的日常行为、择友和社会交往等,也会影响孩子攻击行为的发展。有些父母对儿童缺乏必要的关注和监督,他们的孩子会表现出相对较多的违纪行为,如斗殴、与老师顶嘴、破坏公物等。

仅仅是父母的教养行为还不足以完全解释儿童的不当行为。研究发现,高攻击性的儿童似乎生活在反常的家庭环境中,其家庭的情感氛围对攻击性的形成有不可忽视的作用。与多数家庭成员之间的相互支持和关爱不同,高攻击性儿童通常生活在争吵不断的家庭氛围中:家庭成员不愿意相互交流,即便发生交流,也往往是采用嘲笑、威胁或者其他激进的方式而

第八章 "心灵的装饰过程"

不是亲切交谈。在这种环境下成长起来的儿童往往会有较多的品行障碍，由此导致正常同伴的排斥和学业失败，最终归属于不良的群体，使得攻击行为和违纪行为得到强化和维持。

媒体的影响

北京市曾经做过一项调查，发现青少年殴打父母的现象在近几年迅速增多。调查者将这一现象部分归因于电视暴力的消极影响。电视暴力是不是真的可以提高观看者攻击行为出现的频率？为了证实这一点，有研究者做了如下的实验：他们让两组被试观看暴力节目和非暴力节目片断，然后提供给他们电击别人的机会。结果发现，观看暴力节目的被试比观看非暴力节目的被试表现出更多的攻击行为。

图 8-3 这样的游戏画面会给孩子带来怎样的影响？

现在的媒体环境对于儿童的成长来讲是非常不利的，电视中充满着大量的暴力镜头，网络里充斥着大量的暴力信息。甚至孩子看的动画片里，暴力的镜头也层出不穷。还有一部分动画片，虽然没有暴力镜头的出现，但为了迎合儿童的需要，宣扬了太多不良的行为取向。电子游戏更不要说了，暴力性历来是电子游戏的卖点，这对于心智正处于发展过程中，缺乏判断力的孩子来讲无疑是弊大于利的。

4. 如何控制儿童的攻击行为？

攻击行为对儿童的健康成长是非常不利的。我们以校园中经常出现的攻击行为——欺负为例，研究表明中学生中有27%的人经常受到同学的欺侮，14%的学生经常欺侮同学。中学欺侮行为以心理伤害为主。从欺负的表现来看，取叫/被取叫外号、侮辱/被侮辱的比例最高，几乎占到50%；被散播谣言占24%；被破坏物品占23%；被人戏弄占20%；被殴打和被勒索分别占到欺侮行为的9%和10%。经常受欺负通常会导致儿童情绪抑郁、注意力分散、孤独、逃学、学习成绩下降和失眠，严重的甚至会导致自杀。

那么作为家长，应该怎么做才能有效控制儿童的攻击行为呢？

首先，要创造非攻击性的环境，以降低人际冲突的可能性。例如，家长和老师可以拿走机枪、坦克、橡胶刀等具有攻击性的玩具，这些玩具通常都会刺激儿童产生暴力幻想和攻击行为。对于活动剧烈的游戏要提供充足的空间，这样有助于减少冲撞、拥挤等冲突事件的产生。另外，要提供足够多的玩具来避免因资源短缺而产生冲突。对于校园中的欺负行为来说，要加强对欺侮行为常发地点的监督。多数欺侮行为都发生在缺乏监管的时间和地点。学校要向学生了解他们在哪些时间和地点更容易受到欺负,加强对这些场合的监督。注意课间和午餐时间学生的活动,注意上学和放学过程中学生的活动,这些时间容易出现欺侮问题。

其次,要消除攻击行为产生的强化效果。大家知道,对于攻击的发起人来讲,他们通常是想通过这样的行为获得某种利益,如拿到某种玩具等等。这时候作为父母和老师一项重要的任务,就是要让他们意识到攻击这种手段达不到他理想的目的,而合作和共享才是达成目标的有效方式。在实施这种方法的过程中,一个最大的难点在于,我们往往难以判断出孩子攻击的目的到底是为了什么。例如,一个4岁的男孩为了霸占妹妹的玩具打了他的妹妹。他这样做的目的可能是为了要得到这个玩具,在这种情况下,父母只需要把玩具还给妹妹,从而使他认识到攻击是达不到效果的就可以了。但也有可能是,做哥哥的这个小孩缺乏安全感,想通过攻击妹妹来吸引母亲的注意,在这种情况下,上述做法就不起作用了。因为如果在这种情况下,父母关注了这个行为,就会强化这个男孩的攻击行为。因此,对于攻击的应对还要做到具体问题具体分析。

最后,父母要帮助儿童提高他们的社会化水平。一般来讲,长期受攻击和欺负的儿童社会化程度往往并不很高,人际关系的技能不是很成熟。特别是当出现人际矛盾和冲突时,他们往往表现得不知所措,更多地是以情绪化的反应或退缩来应对挫折和矛盾冲突。父母要努力通过一些活动改善孩子的人际关系,培养他们应对人际矛盾的正确方法,增强他们的沟通能力。另外要多训练儿童化解危机应对欺负的能力。父母可以假设一些发生欺侮情境,和儿童一起讨论应该采取什么应对策略,鼓励孩子尽量多提出一些积极的反应策略来进行自我保护。此外还可以向儿童介绍一些反欺负的榜样,让孩子们知道,在受到攻击和欺负时,哪些反应是有效的。

第三节 儿童的亲社会行为

大多数父母都希望自己的孩子是一个心地善良的人,具有利他的品质。他们希望自己的孩子能关心他人,在别人遇到困难的时候能予以帮助。事实上,很多家长甚至在孩子尚处于襁褓之中时就开始鼓励分享、合作和助人的行为。所有这一切都属于儿童心理学中有关儿童亲社会行为的研究范畴之内。

亲社会行为通常指的是对他人有意或对社会有积极影响的行为,这些行为包括分享、合作、助人、安慰、捐赠等等。它是一种儿童帮助或者打算帮助他人的倾向。对于儿童来讲,具有亲社会行为倾向可以帮助他们获得良好的人际关系,使得他们更好的适应身边的环境。那么,亲社会行为从何而来?又有哪些因素会影响儿童亲社会行为的发展?父母如何做能够让自己的孩子更愿意帮助别人呢?下面我们来看看儿童心理学对这些问题的解答。

1. 亲社会行为的起源

婴儿有亲社会行为吗?答案是肯定的。研究发现,刚出生一天的婴儿听见其他婴儿哭泣的时候自己也会大哭起来,儿童心理学家称之为"反应性哭泣"。很多人认为这可能只是婴儿对外界声音的一种模仿,但研究的结果却认为反应性哭泣并不是一种毫无情感成分的简单的声音模仿反应。新生儿的反应性哭泣是对他人哭声的先天的反应,这种反应在自然选择中保留了下来,并成为一种适应性反应。

婴儿到了 1 岁的时候除了对忧伤的同伴做出哭泣的反应之外,还会静悄悄的注视忧伤的同伴。有些婴儿甚至开始对同伴的忧伤做出反应，只不过这种反应更多的是跑到母亲的怀里寻求安慰。他们想通过这种方式来消除自己难过的情绪。这时候的他们还不能区分自己的忧伤和他人的忧伤，但别人的消极情绪显然影响到了他们。

图8-4 分享是亲社会行为的一种体现

大约在1周岁之后的一两个月，婴儿的移情性哭泣和注视就不太经常出现了。他们开始对忧伤的同伴做出短暂的身体接触（轻拍、触摸），进而表现出积极的干预，如拥抱、给予体力的帮助、叫人来帮忙等。他们已经能够意识到他人正处在痛苦或不愉快之中，他们的动作显然是想要帮助他人。让我们来看一下一个21个月的孩子面对同伴哭泣时的反应：

今天的明明有一些暴躁，他一直都在大喊大叫，而且似乎没有要停下来的意思。诗琪走过去给明明玩具，试图让他高兴起来。同时嘴里还说着"给你，明明"这样的话。我对诗琪说："明明今天心情不好。"诗琪一边皱着眉头一边看着我，她走过去拉着明明的胳膊说："好了，明明"，然后继续给他玩具。

显然，诗琪在关心她的小伙伴，并且尽可能地让对方开心起来。在此之后，儿童开始觉察到他人具有与自己不同的内在心理状态（思想、情感、要求）。这使得儿童更准确地体会他人的感受，并更有效地提供帮助。

2. 女孩比男孩更具有亲社会性吗？

一般来说，大家都会觉得女孩会比男孩更乐于助人或更富有同情心，但研究的结果却发现这个结论令人生疑。研究者发现，女孩子可能会比男孩子表现出更多的体谅和仁慈行为，但是在分享、安慰和帮助行为上却不一定这样。大多数研究发现，在自我报告体验到的同情数量方面，以及对他人进行安慰、帮助或者分享资源的意愿方面，女孩和男孩几乎没有什么差别。所以，女孩比男孩更有亲社会性的观点是一种缺乏事实根据的文化假象。

3. 亲社会的孩子是不是一定会受到欢迎？

很多研究表明，受欢迎的儿童会表现出更多亲社会行为，亲社会的儿童比攻击性儿童和受欺负儿童更容易被评价为是受欢迎的，而攻击性儿童和受欺负儿童比亲社会儿童更容易被评价为是受排斥的。但这并不意味着亲社会的儿童都是受欢迎的。儿童的社会行为和受欢迎程度之间的关系往往很复杂。研究者在实际教育过程中发现了一些很有趣的现象，就是亲社会行为并不被儿童认为是很"酷"的行为，那些经常做出亲社会行为（如分享、帮助）的儿童有可能并不受同伴欢迎；尽管经常做出攻击和破坏行为的儿童往往受同伴排斥，但攻击性儿童尤其是关系攻击的儿童也常常被评为是受争议的儿童甚至是受欢迎的儿童。

4. 什么样的孩子更容易表现出亲社会的行为？

亲社会行为和攻击行为一样，它的出现有着复杂的生物和环境原因。研究发现,遗传、家庭环境在其中发挥了重要作用。

亲社会行为受遗传影响吗?换句话说,乐于帮助他人、富有同情心的父母是不是会生下具有同样品质的孩子呢?研究的结果表明,答案是肯定的。我们来看一份行为遗传学的证据。行为遗传学是探讨遗传和环境对儿童行为影响的重要学科,这一学科经常使用的研究方法就是所谓的双生子研究。双生子研究的假设我们在前面的智力一章已经有所提及,这种方法假定成长环境的影响对同卵双生子和同性别的异卵双生子是一样的。如果同卵双生子之间在某个特质或行为上的得分高于异卵双生子,就可以证明遗传的作用,因为同卵双生子的基因相似性是100%,而异卵双生子的基因相似性是50%。有研究者比较了成年的同卵双生子和异卵双生子的五种人格特征,发现在与亲社会行为有关的三个特质上,同卵双生子的一致性均高于异卵双生子。研究者经过计算认为,亲社会行为的遗传力大约为50%。

家庭环境在儿童的亲社会行为发展过程中同样发挥了重要的作用。研究表明,富于同情心并且愿意帮助他人的儿童,其父母往往具有以下特征:父母之间有着亲密融洽的关系,而他们自身也非常乐于助人。他们在生活中身体力行的帮助、合作、分享、安慰等,在无形中就成了儿童亲社会的榜样。心理学家班杜拉就指出,人们仅仅通过观察他人的行为就能习得新的思想和行为方式。须说明的是,儿童往往更容易学会成人所做的行为,而不是成人所说的行为,因此在对儿童亲社会行为的培养上,身教重于言传。

父母对孩子亲社会行为的影响除了言传身教外,他们的教养方式也非常的重要。那些缺乏同情心的婴儿,其父母通常是以惩罚、强制的方式处置孩子的破坏行为。而富有同情心的儿童，他们的父母则更多的采用非惩罚性的、情感解释的方式，他们会说服孩子对自己的破坏行为承担责任，并督促儿童对受害者作出一些直接的安慰或帮助行为。当看到儿童表现出亲社会行为时，父母的及时强化非常的重要。如果一个儿童跟其他小朋友分享自己的玩具时受到了父母的表扬，那么他就倾向于再次做出这种行为。有研究还发现，当儿童做出亲社会行为时，对其人格倾向的赞扬比一般性的赞扬更有效，例如"你真是个关心别人、乐于助人的孩子"与"你帮助了小朋友，真不错"两种表扬方式相比，前者更能促进亲社会行为。此外，当儿童观察到他人的亲社会行为受到赞扬和奖励时，也会对其产生"替代性强化"，他会感到如果自己做了同样的行为，也会受到同样的赞扬和奖励。

5. 如何培养孩子的亲社会行为？

从上面的研究结果和分析中，我们可以看出，儿童的亲社会行为不仅对他人有利，而且对自己的成长和发展有着重要的意义。那么，有什么办法可以帮助我们促进儿童亲社会行为的发展呢？根据儿童心理学的研究，主要有以下几种方法。

5.1 角色扮演法

角色扮演就是让儿童暂时置身于他人的位置，并按照这个人的态度和方式来行事。这种方法能够使儿童亲身体验他人的角色，从而可以更好的理解他人的处境，体验他人在各种不同情境下的内心感受。

在日常生活中，父母可以创设多个游戏环境，鼓励孩子按意愿自愿选择角色扮演，体验种种社会角色。在"娃娃家"，孩子扮演着爸爸妈妈，悉心"照顾宝宝"，热情"招待客人"；在"医院"，孩子穿上白大褂，为"病人把脉、看病"；在"点心店"，孩子制作"点心"、"招呼客人"；在"服装店"，孩子"进货"、"看店"；在"公共汽车"游戏中，孩子"上车买票"、主动"让座"……孩子们在角色扮演中，体验着角色的思想、感受，体验着关爱他人、与人合作、帮助他人的游戏乐趣，形成了初步的规则意识、合作意识和社会责任意识。

国外有研究者曾用实验的方法检验了儿童扮演角色的活动对道德亲社会行为发展的影响。他先把幼儿一一配对，然后让其中一个扮演需要别人帮助的角色，而另一个幼儿扮演帮助别人的角色。一段时间之后，角色互换。这样的训练一直持续了一周，一周后研究者对这些儿童进行助人行为的测试，测试结果表明，参加这种训练的儿童比没有参加这种训练的儿童表现出了更多的助人行为。

5.2 移情训练法

移情训练是一种旨在提高儿童善于体察他人的情绪、理解他人的情感，从而与之产生共鸣的训练方法。虽然大部分的儿童都具有移情的能力，但研究发现，某些儿童更容易产生移情的反应，而高移情水平的儿童往往会表现出更多的亲社会行为。

父母的教养方式在儿童的移情发展中起着重要的作用。研究发现，那些不会怜悯他人的儿童，其母亲在教养方式上存在一定的问题。当这些儿童在遇到他人苦恼的情境时，他们的母亲会通过限制、惩罚等方法使婴儿离开当时的情境。而那些会怜悯他人儿童的母亲做法却不一样，他们更倾向于对伤害事件进行有感情的说明，帮助孩子理解自己的行为与他人烦恼的关系。事实上，后一种母亲的作法就是在对孩子进行移情训练。他们这样做可以使儿童的注意力集中于他人的苦恼，这样怜悯他人的行为才能确立。研究也证实，采取这种教养方式的父母，他们的孩子往往会对别人表现出移情,并可能表现出帮助、分享和同情等亲社会行为。

移情训练法的要点在于让孩子学会站在别人的立场上思考问题,因此在日常生活中,父母可以人为地创设一些情境,引导孩子体会他人的处境和感受。如在给孩子讲童话《卖火柴的小女孩》时,可以适时地问一下孩子小女孩的想法和情感,并让他们设想自己在相似的情境下的感受。

5.3 榜样示范法

榜样学习在道德教育及亲社会行为领域的研究曾引起广泛的关注。班杜拉的社会学习理论在其中无疑起到了重要的作用。该理论认为,儿童只需要观察就可以习得某些行为。研究者开展了一系列的实验研究,验证了榜样有助于儿童亲社会行为的发展。一个比较典型的实验是:让7—11岁的儿童观看一个成人玩滚木球的游戏,这个成人把得到的一部分奖品捐赠出来作为穷苦儿童的救助基金。然后让这些儿童单独玩这类游戏,结果发现,他们把奖励所得捐献出来的数量远远超过普通的儿童。即使实验已经过去了两个月,这些儿童仍然表现出高于平均水平的慷慨,这说明榜样的影响是长期的。

儿童生活中的每一个人都有可能成为他们的榜样,如父母、老师和同伴等。好的榜样应该是真实可信的,最好是儿童身边的活生生的人。作为父母和相关的教育工作者应该善于发现生活中的榜样,从身边做起,从点滴的小事做起,时时刻刻给孩子树立积极的榜样。我们来看一个优秀的幼教工作者的经验:"一次,班上有个孩子摔倒了,一些小朋友看到此情景哈哈大笑,这时有个男孩跑上前扶起摔倒的同伴,一边帮他拍去身上的尘土,一边关心地询问摔疼了没有。这时,我抓住机会,召集所有的幼儿对这件事进行评论:谁对谁错?你喜欢谁？如果你摔跤了你的心情如何？当别人需要帮助时，你应该怎么做？"在这段经历中，这位老师及时正面的榜样树立对孩子的道德发展无疑有着积极而深远的影响。

图 8-5 切不可成为儿童的坏榜样！！

美国著名教育学家麦克唐纳说："光有品性，没有知识是脆弱的；但没有品性，光有知识是危险的，是对社会潜在的威胁。"对儿童的教育不应该只关注如何让孩子更加聪明，更重要的是帮助他们建立良好的是非观念，树立内在的良心和道德。这样才能给儿童的生命以美和尊严。

暴力行为是怎样产生的？

以往，人们都从社会和家庭中寻找暴力行为的根源。但是，随着遗传学和神经科学的发展，一些科学家发现，某些遗传物质或生化物质与暴力行为密切相关。

为了探索暴力行为的根源，南加利福尼亚大学的心理学家萨尔诺夫·梅德尼克，经过30年不懈的努力，对14427个丹麦男性被收养者进行了研究。最后他认为，凡是生身父母（不是养父养母）证实是罪犯的被收养者，其中有20%的人已成为罪犯；如果生身父母和养父养母都是罪犯，被收养者的犯罪率会上升到24.5%；而生身父母和养父养母都不是罪犯的犯罪比例只有13.5%。看来，暴力行为和遗传有着一定的联系。

　　近来，美国精神病研究所的生物心理学家杰拉乐德·布朗，提出了一个新的论点。他认为，影响人类行为的关键是一种化学物质，如果人体缺少这种化学物质，暴力就容易产生。他在研究中注意到一种5-羟基吲哚乙酸的物质，这是一种神经传导物质5-羟色胺的代谢副产品。布朗发现，爱寻衅闹是非的男子的脊髓液中，5-羟基吲哚乙酸的含量极低；他们从儿童时代起已开始敌视社会了。

　　对暴力行为根源的研究尽管已取得了可喜的进展，但并未止步不前。最近，美国芝加哥一家健康研究所的研究人员威廉·沃尔什抛出了一个崭新的观点：微量元素的含量，对人类是否容易产生极端行为有重要意义。微量元素是人体中含量很少的基本营养物质，它的精确含量能通过对毛发的化学分析而获得。沃尔什的论点得到了许多科学家的赞同，但在衡量微量元素的标准问题上，却引起了激烈的争论。因为微量元素的正常含量，会随年龄、性别和头发颜色的不同而发生变化。事实胜于雄辩。沃尔什一头钻了进去，用整整6年时间，提出了11种关键元素的基本参考标准。

沃尔什分析了24对暴力和非暴力型亲缘兄弟的毛发标本，尔后又研究了96个暴力男性和非暴力男性的毛发标本，发现暴力对象可分A型和B型：A型毛发中含铜量高，硫和钾的含量低，大多是性情暴烈的人；B型毛发中微量元素的含量正好相反，他们天生就有敌对行为。

今天，关于暴力行为根源的研究已显示出诱人的前景，尽管科学家们提出的大多是推测，证据也不够完整，但也许到了明天，这些推测就能成为现实。

第九章 "你来我往,共同成长"
——儿童交往的发展

> 与善人居,如入芝兰之室,久而不闻其香,即与之化矣。
>
> ——《孔子家语》

儿童从一出生起就开始成为一名社会人,他们最初接触的人际关系是他们与父母之间的交往,在交往的过程中能否建立良好的亲子关系,形成良好的依恋关系,将会对儿童未来发展的方方面面产生重要的影响。而随着年龄的增长,儿童开始进入幼儿园、小学、初中,他们接触的人越来越多,在与同龄人的交往过程中,他们发展出了另外一种重要的人际关系,那就是他们与同伴之间的关系。这两种人际关系为儿童的成长和发展提供了重要的时空平台,在很大程度上影响着儿童心理的健康发展。

第一节 儿童与父母的交往

婴儿出生以后,母亲给了孩子无数个"第一次"。第一次喂奶、第一次抚摸、第一次嬉戏……在这一个又一个的"第一次"中,儿童体会到了被人关爱的幸福,与人交流的愉悦。这些关爱和抚育也构建了亲子之间天然而又紧密的联系。儿童心理学将这种联系称之为依恋。研究表明,亲子之间的依恋关系将会影响儿童以后的发展。

1. 什么是依恋?

母子依恋是指婴儿与母亲间的感情联结。主要表现为婴儿努力寻求并企图保持与母亲密切的身体联系。具体表现在婴儿在各种活动的过程中会注视、追踪母亲,对着母亲微笑、哭叫,要母亲拥抱等行为;与母亲在一起,接近母亲就会感到愉快、舒适,同母亲分离就感到痛苦;遇到陌生人或到一个陌生环境就产生恐惧、焦虑,一旦母亲出现就能使他得到安慰。

图 9-1 醉人的亲子依恋

依恋不是突然出现的。根据一些儿童心理学家的研究，依恋的发展可以分作三个阶段：（1）无差别的反应期（出生—3个月）。这个时期婴儿不能区分母亲和别人，他们对所有人的反应都一样，只要看到人的脸，听到有人说话就高兴，手舞足蹈。（2）有差别的反应阶段（3—6个月）。这时期婴儿对人的反应有了区别，对母亲的脸更为偏爱，在母亲面前表现出更多的微笑、咿呀学语、依偎、接近，而在其他熟悉的人面前这些反应就少一些，对陌生人反应更少。（3）特殊的情感联结阶段（6个月—3岁）。这个阶段的婴儿出现了明显的对母亲的依恋。与母亲在一起特别高兴，当母亲离开时则哭闹不停，别人无法让其安静，而当母亲一回来，他就马上停止哭泣并转为高兴。母亲在身边，就能安心游戏，母亲一离开则紧张、哭泣、大喊大叫或边哭边追随，对陌生人则有怯生反应。

2. 依恋的类型

虽然每一个家庭的儿童都会对熟悉的照料者（主要是母亲）表现出依恋，但是到了第二年末的时候，这种关系的表现却会出现差异。有些孩子在母亲在场的时候会表现得无忧无虑、安详自在，他们明白自己能得到母亲的保护和帮助。而有些孩子却显得神情恍惚，焦虑不安。心理学家经过研究把亲子依恋分作三种类型：安全型依恋、回避型依恋和反抗型依恋。

安全型依恋的婴儿与母亲建立了稳定的感情联结。母亲在场使婴儿感到足够的安全，他们能安静地玩玩具，偶尔靠近或接触母亲，不时用眼睛看看母亲，与母亲有距离地交谈，而且能够在陌生的环境中进行积极的探索和操作，对陌生的反应也比较积极。当母亲离开时，其操作、探索行为会受到影响，婴儿明显地表现出苦恼、不安，想寻找母亲回来。当母亲回来时，婴儿会立即寻求与母亲的接触，并很容易宽慰、安静下来，继续去做游戏。

回避型依恋的婴儿对母亲并无特别密切的感情联络。这类婴儿对母亲在不在场都无所谓。母亲离开时他们并不会哭闹，继续玩自己的；当母亲回来时，也往往不予理睬。有时也会欢迎母亲回来，但只是短暂的，接近一下又走开。

反抗型依恋的婴儿被称为"矛盾性依恋"。具体表现为当母亲要离开时婴儿显得很警惕，甚至苦恼、极度反抗，任何一次短暂的分离都会引起大喊大叫。当母亲回来时，他紧紧盯着母亲，希望得到母亲安慰。但是当母亲亲近他时会生气地拒绝、推开。

在以上的三种依恋类型中，安全型依恋属于良好、积极的依恋，这种依恋关系有利于儿童认知、创造性的发展，有助于儿童稳定、愉快情绪的形成，对儿童成长与社会适应具有重要的作用。而后面两种依恋类型则属于消极、不良的依恋，会对儿童以后的发展造成广泛而又深远的不良影响。

3. 影响依恋安全性的因素

有很多因素都会影响亲子之间依恋关系的形成，这其中儿童所接受到的抚养质量、家庭的特点和情感氛围以及儿童自身的特点是影响安全依恋关系形成的关键所在。

3.1 稳定的照看者

对于大部分儿童来讲，拥有一个稳定的照看者并不是一件非常困难的事，但对于一小部分儿童来讲，这种要求却有可能变为奢求。他们的父母由于特殊的原因离开了他们，从而造成了这些儿童在很小的时候就失去了母爱，无法与他人形成正常的依恋关系。研究发现，在这种环境下成长起来的儿童，其心理发展和社会适应会存在一定的障碍。

心理学家首先对动物进行了研究。他们将刚刚出生的小猴子强行与其母亲分离,单独关在笼子里抚养。研究发现,与在正常环境中成长起来的猴子相比,在这种缺乏母亲养护的环境中成长起来的猴子,表现出不合群、富于侵犯性、怯于探索环境的特点。这种母爱剥夺所造成的后果是非常严重的,在今后即使花费很大的力气都难以弥补。

对人类儿童的研究无法采用上述的研究方法,但一些在特殊环境下成长起来的儿童,他们的发展轨迹同样可以给我们很大的启示。有研究者对孤儿院里的孩子进行了研究。研究的对象是一些在3—12个月内被母亲抛弃的孩子。他们被放在一个大的房间内,由少数几个护士来看护。观察的结果发现,他们对周围环境退缩,经常哭泣,富于攻击性,而且有些小孩还表现出一定的睡眠障碍。

从动物的实验研究和特殊儿童的个案中,我们可以看出,拥有一名稳定的照看者是儿童依恋形成的首要条件,如果缺乏这一条件,那极有可能会对儿童今后的发展造成严重的、难以弥补的消极影响。

3.2 良好的抚养质量

儿童心理学研究表明,儿童依恋的质量在很大程度上有赖于他们所受到的关照。安全型依恋婴儿的母亲从一开始就比较的敏感和负责,他们对孩子抱有积极的态度,敏感的回应孩子的需要,为他们提供了很多愉快的刺激和情感支持。

比起安全型依恋的婴儿,反抗型依恋的孩子脾气有时候会比较暴躁,反应有时会比较迟缓。造成这种情况的原因,一部分是因为他们的母亲在抚养的过程中常常表现得不一致,他们依照自己的情绪好坏来对待孩子,情绪好的时候对孩子无微不至,而情绪差的时候对待他们又极为冷漠,很多时候表现得很不负责。婴儿在应对这种类型的养护者时,往往也会采取极端的方式，如采取纠缠、哭闹的方式寻求情感支持和同情，而一旦这些努力不奏效的时候又会变得愤怒和怨恨。

对于回避型依恋的孩子来讲，其父母在抚养的过程中也往往会表现出一些不当的行为。许多回避型婴儿的母亲对自己的宝宝缺乏耐心，对他们发出的信号反应不积极，也常常在孩子面前表现出一些消极的情绪，很少能够从与子女的接触中获得快乐。这类母亲最大的特点就是过于刻板和自我中心。

母亲的某些人格特点会影响他们的抚养策略，从而导致不健康依恋关系的形成。研究发现，患有抑郁症母亲的孩子必然会形成那种非安全的依恋关系。抑郁的母亲对孩子的需求漠然，很难和他们建立起良好的关系。婴儿开始时会对这种冷漠感到愤怒，但很快就会发现这种愤怒是徒劳的，于是他们的行为就开始与母亲的抑郁症状相协调，甚至在与其他正常成人交往的过程中，他们的行为也是如此。

另外一种不合格的母亲是那些自己在很小的时候被忽视、受虐待、不曾感受到爱的个体。这样一些曾经受到过伤害的母亲，可能在开始的时候愿望很好，她们不希望自己的孩子经受自己当初的遭遇。但是她们也希望自己的子女非常完美，并且能够立即爱上自己。换句话说，她们希望从子女身上获取关怀。所以当她们的孩子生气、烦躁的时候，这种非安全型依恋的母亲很可能感到自己又被拒绝了。她们就会减少和收回自己的情感，某些时候她们就可能忽视和虐待他们的子女。

3.3 儿童自身的特点

以上介绍了父母，尤其是母亲对儿童所形成的依恋类型的影响。但是依恋关系是由两个人共同建立的，因此儿童自身的特点自然也会影响这种亲子之间情感纽带的形成。

儿童的气质在依恋的形成和发展过程中发挥着重要的作

用。正如我们在讨论气质的发展中所提到的那样，儿童一生下来就有着自己独特的行为倾向。有些儿童容易照料，与母亲关系融洽，容易接受抚慰，这在一定程度上鼓励了母亲积极而又敏感地对待孩子。而有些儿童难以照料，拒绝母亲的亲近，不易抚慰，这在很大程度上增加了母亲抚养的困难程度，她们更容易变得不耐心起来，从而极大地增加了非安全型依恋形成的可能。

有关缺陷儿童的研究表明，儿童的智力水平以及生理缺陷对依恋的发展具有重要影响。大多数有智力障碍的儿童在与母亲的交往中往往消极被动，交往的主动权在于母亲，不像正常儿童那样能够把握交往的主动权。智力正常的儿童比弱智儿童更爱注视母亲。而聋童对母亲的依恋通常发展缓慢，其主要原因在于聋童与母亲的交流存在较大的障碍。一旦他们之间可以通过特殊的途径进行交流，那情况就会有所改变。

除了上述因素之外，家庭的环境和情感氛围也是影响安全依恋形成的重要因素。失业、婚姻失败、经济困难等等都会影响母亲对孩子的照看质量，从而破坏儿童安全依恋的形成。情感氛围方面，如果在家庭中，婚姻美满，成人之间充满温馨、较少有家庭摩擦，那么会使儿童依恋的安全感增加。相反，如果成人之间充满敌意和愤怒，那将直接影响对孩子的照看，从而影响孩子安全依恋的形成。

4. 早期依恋的影响

儿童早期形成的依恋对后期行为是否有影响？这种影响是暂时的，还是长久的？这些问题颇受儿童心理学工作者的关注。心理学家通过研究发现，作为在幼儿时期出现的最早的心理模式，依恋对儿童后来乃至一生的发展都有着重要的影响。

4.1 早期依恋影响认知发展

儿童心理学的研究发现，安全型依恋的儿童对问题往往会表现出好奇和探索的倾向，他们在碰到问题时会主动的面对问题，遇到困难时也较少表现出消极的情绪，他们既能够向在场的成人请求帮助，又不太依赖成人。回避型依恋的儿童则显著不同，他们的自我调控能力与合作性较差，面对困难有明显的失望反应，情绪不稳定，坚持性差，容易放弃，必要的时候也极少求助于成人。反抗型依恋的儿童明显缺乏独立性，过分依赖母亲，他们难以面对问题，有时干脆从问题的情境中退却下来。由此可见，儿童依恋的性质在一定程度上会影响儿童的认知和学习行为。

4.2 早期依恋影响情感发展

早在 1951 年，心理学家鲍尔比就报告了一些过早离开父母的婴儿的状况。报告指出，这些婴儿不能很好地与人相处，怕做游戏，怕冒险，怕探索。鲍尔比由此得出这样一个结论：心理健康取决于儿童与母亲之间温暖和亲密的关系。

其他一些纵向研究的结果也支持了鲍尔比的论断。儿童期的安全型依恋将导致一个人的信赖、自信和稳定的情绪状态。相反，一个未能在早期形成安全型依恋的人，将可能成为一个情绪不稳定，对他人、对环境不信任的人，将来也很有可能影响到自己的孩子。

4.3 早期依恋影响社会交往发展

婴儿期对父母安全的依恋会导致儿童在幼儿园里有较强的社会能力和良好的社会关系。这是因为，早期依恋关系导致儿童对关系对象的期待。儿童以较早的依恋所产生的期待去选择同伴，并和他们交往。比如，有安全依恋经历的儿童就会期待同伴有积极的回应，同时他们的行为也能够引起正面的反应。

而那些有着不安全依恋经历的儿童,则对交往对象有着消极的期望。这些儿童在与同伴的交往过程中,变得孤立或充满敌意。这导致同伴会回避甚至对他产生敌意,而同伴的这些行为又会增强他们内心的信念,使他们坚信自己是不受欢迎的。所以,早期依恋关系的性质,决定着儿童对自我和他人多方面的认识,而这是构成儿童自尊、自信、好奇心等品质的重要基础。

第二节 儿童与同伴的交往

儿童最早接触的外部环境是家庭,因此家庭环境、亲子依恋等在儿童发展的早期扮演着重要的角色。但随着儿童年龄的增长,他们开始接触环境,他们开始进入幼儿园、小学、中学等等。这时候,他们发展出了新的与他人交往的关系,那就是他们与身边同伴之间的关系。这种关系像亲子关系一样,会对儿童的心理发展产生重要而又深远的影响。

1. 什么是同伴关系?

同伴,按照字典里的解释,是相互之间具有同等地位的人。对于儿童来讲,他们的同伴就是那些年龄、长相甚至聪明程度相仿的人。儿童的同伴关系之所以会对儿童的心理发展产生重要的影响,是因为它是除了亲子关系之外,儿童发展起来的另外一种重要的人际关系。同伴关系和亲子关系之间存在很大的不同,儿童与父母的交往是不平衡的,父母往往拥有比儿童多得多的权力,他们很少听从儿童的命令,而儿童则必须遵从父母的权威。相比之下,同伴关系最大的特点就是儿童与他交往的人之间具有同等的地位和权力。如在儿童与同伴的游戏过程中，他们可以商量玩的内容，也可以变换角色，他们的能力是相同的，地位是平等的。这种平等的交往关系给儿童提供了学习技能和交流的机会。一般来说，儿童通常喜欢与同龄伙伴交往，而喜欢与年长儿童交往胜过与年幼儿童的交往。

2. 同伴关系的发展

在2—12岁之间，儿童与同伴在一起的时间越来越长，而与成人的交往则越来越少。令研究者们感兴趣的问题是，儿童最早是在什么时候开始与同伴之间的交往的。

仔细观察婴儿在第一年的发展，你会大吃一惊。他们在这一年中，社会交往的发展有着令人难以置信的进步。在两个月大的时候，同样年龄小朋友的出现就会引起婴儿的注意，并且两个小朋友会互相注视。到了6—9个月大的时候，他们会伸手触碰自己的同伴，朝着对方微笑，并发出咿咿呀呀的声音。到了第一年末的时候，他们碰到同伴会微笑，用手指指点点，开始有嬉戏的活动。

到了第二年，随着运动能力和语言交流能力的出现和发展，他们与同伴之间的交往变得更加复杂，他们会围绕某一特定的主题进行游戏，在游戏中他们可以互换角色，而且逐渐学会了轮流扮演某一角色。到了第二年末的时候，儿童更愿意和同伴一起玩，而不是自己躲在角落里单独玩。有时候即使母亲在场，他们也宁愿和同伴在一起玩，而不是像以前一样依偎在母亲怀里。

从2岁以后，儿童开始进入托儿所、幼儿园、小学等机构，这时候他们与同龄人的交往日趋频繁，并渐渐超过了与父母的交往。有研究者曾对一组儿童从2岁到11岁做追踪研究，记录他们每天的活动情况。研究发现，随着年龄的增长，儿童与父母、教师交往的次数在减少。根据该实验的结果，儿童到

11岁的时候,和同伴相关联的活动恰好等于和成人相关联的活动。这是否能说明同伴在儿童心目中的地位随年龄而增长,而父母的地位随年龄增长而下降呢?下这样的结论似乎也有些为时过早。有研究者对11岁以后的青少年进行调查,调查的问题主要包括:(1)课余时间最喜欢和谁在一起;(2)遇到有趣的事先想告诉谁;(3)心中有苦恼最想告诉谁;(4)遇到学习中的苦难现象找谁帮忙;(5)生活有困难先找谁帮忙。研究发现,除了第5项之外,其余四项的对象选择中,同伴都占据着优势地位。这一方面说明了同伴的重要影响力,另一方面也说明儿童在遇到重大的问题时父母的立场、观点可能仍有相当的分量。

3. 同伴的影响有多重要?

儿童心理学家们相信,儿童在与同伴的交往过程中会学到很多新的技能,这些技能是在与父母的交往过程中无法学到的。那是否有证据来证明这一判断呢?

心理学家首先在动物身上进行了研究。美国心理学家哈洛抚养了一群特殊的猴子,他们从生下来开始就一直和母亲待在一起,而没有和其他同伴交往的机会。当他们长到一定的年龄时再把他们放到一群猴子中间,结果发现,他们和同伴在一起的时候倾向于回避,而当他们被迫和同伴交往的时候,则表现出了很强的攻击性。这种表现一直伴随这些特殊猴子一生。

人类身上是否有类似的现象呢?1945年夏,在纳粹德国集中营里发现了6名3岁左右的孤儿,当时那6名儿童的父母已经去世一年多了,尽管在成长的过程中他们也得到了身边大人的少许照顾,但实际上更多的时候他们是自己照顾自己。战争结束后,这6名孩子被带到英国治疗中心接受康复治疗。刚开始的时候,他们对治疗中心的工作人员表现出强烈的冷漠

图 9-2 同伴对儿童的心理发展有重要的影响

和敌意,几乎打碎了身边所有的玩具。但是这些儿童彼此之间却存在强烈的依恋,当和其他成员分开的时候会表现得焦躁不安。他们彼此之间非常的体贴,在吃饭的时候会分享食物。随着治疗的进一步开展,他们的进步非常的明显。在治疗的第一年,他们就与成人照料者建立了积极的关系,获得了新的语言。故事也有一个可喜的结局:35 年后,这 6 名孤儿已经步入成年,他们过上了很好的生活。

从哈洛的猴子实验到战后孤儿的研究,我们可以得出结论,同伴在儿童的成长发展过程中发挥着重要的作用。在某些特殊情况,如儿童无法与成人建立依恋的情况下,同伴甚至可以取代成人成为特殊的依恋对象,从而保证其心理的健康成长。当然,大部分儿童并不会面临这样极端的情况,但对于他们来讲,建立和维持和谐的同伴关系同样重要。30 多项研究表明,在学校里被同伴拒绝的儿童比有良好同伴关系的儿童更容易辍学、参与不良行为活动或犯罪,在以后的青少年期或成年早期他们也容易出现严重的心理障碍。

4. 同伴接纳和受欢迎的孩子

在儿童的社会交往活动中,同伴接纳受到了研究者们的关注。所谓同伴接纳就是一名儿童被同伴重视和喜欢的程度。研究者通常采用两种社会测量技术来测量同伴接纳程度。第一种技术叫做同伴提名法,具体做法是让儿童提名他们最喜欢或最不喜欢的几个同伴。另外一种叫做同伴评定法,这种方法要求儿童对班级中的每一位同学按照喜欢程度进行打分。这两种技术可以有效地评估儿童在同伴群体中的地位。

根据同伴提名或评定的结果,可以把儿童分为以下几种:(1)受欢迎的儿童,这类儿童在同伴中很受欢迎,很少有人不喜欢他们;(2)被拒绝的儿童,这类儿童在同伴中不太受人欢迎,许多同伴都不喜欢他们,或者只有少数的同伴喜欢;(3)被忽视的儿童,他们被提名为喜欢或不喜欢的次数都很少,似乎在其他儿童的眼中他们是不存在的;(4)有争议的儿童,这类儿童受很多同伴的喜欢,同时也有很多同伴不喜欢他们。在这4种类型的儿童中,被忽视和被拒绝的儿童显然更有可能面临发展的危机。以被拒绝的儿童为例,研究发现,这类儿童辍学概率远远高于其他儿童,同时这类儿童在青少年阶段犯罪的可能性是其他儿童的两倍!

图9-3 什么样的儿童更受同伴欢迎?

那么，哪些因素可以影响儿童受欢迎的程度呢？简单来说主要有以下几方面因素：

（1）教养方式：温暖、敏感而又权威的父母，他们主要是讲道理而不是运用权力甚至暴力来指导和控制儿童的行为，在这种环境下成长起来的儿童往往受同伴的喜欢。相比之下，高度专制或放任的父母，他们主要依靠武力解决问题，其孩子往往不合作，攻击性强，不受同伴欢迎。

（2）气质特点：儿童气质的某些方面也会影响其社会地位。难以抚养型儿童与同伴的交往同样会表现出不和谐，从而引起同伴的拒绝。除此之外，行为木讷，情绪冷淡、消极的儿童也容易被同伴忽视或拒绝。

（3）智力水平：受欢迎的儿童往往智力水平比较高，他们能够根据具体的情况，作出适宜的反应。遇到特定的交往困难时，他们会采取有效的交往策略予以化解。并且通常情况下，受欢迎的儿童在学校里的学习成绩也比较好。

（4）外貌特征：尽管有格言说"美不在外表"，但在儿童的同伴交往过程中这样的讲法却不太适用。研究发现，儿童在1岁大的时候就已经学会"以貌取人"了。他们对于那些有漂亮面孔的人会表现出微笑等积极的反应，而对于相貌平平的人则恰恰相反。在童年早期和中期，受欢迎的儿童往往在相貌上具有较强的吸引力。之所以会产生这样的现象，可能与儿童的判断有关。当要求儿童只依据照片来推断陌生同龄人的性格时，他们会把友好、善良、聪明等评价给那些有着漂亮面孔的儿童，而将凶暴等负面的评价给那些相貌丑陋的儿童。

（5）行为特点：尽管相貌、学习成绩、运动技能等等都与同伴接纳有关系，但是如果同伴认为一个儿童的行为是不得体的，那么即使最聪明和最漂亮的儿童也不受欢迎。那么，什么样的行为特点会影响儿童在同伴中的地位呢？研究认为，受欢迎的儿童相对来说是安静的、随和的、友好的，这些"社交明星"一般温和、合作，富有同情心，有较多的亲社会行为，很少有破坏和攻击行为。相比之下，被忽视的儿童往往害羞或退缩，他们不善言谈，很少让别人注意自己。被拒绝的儿童分两类，一类是经常武力挑衅他人，这些狂妄自大、喜欢捣乱的儿童往往在同伴群体中很难相处，经常找茬儿。另外一类则恰恰相反，他们更多的表现出退缩的行为。这类儿童有很多不成熟、不寻常的行为，不能感受到同伴对他们的期望，对任何的批评都表现出敌意和攻击。

总而言之，儿童在同伴中是否受到欢迎受很多因素的影响。也许宜人的气质、俊美的外貌、良好的学习成绩等都会影响儿童在同伴群体中的地位，但更为重要的是灵活的头脑和较强的社会交往能力。受欢迎的因素也会随着年龄的改变而发生变化，如在青春期，尤其是青春早期，很酷的，甚至行为有些"粗暴"的男生更容易受到同伴的青睐。而且在青少年期，与异性建立亲密关系会突然提升同伴的受欢迎性，但在童年时期，这种做法却是大忌，会降低同伴的好感度。

5. 儿童的友谊

友谊是和同伴接纳完全不同的两个概念，我们在现实生活中可以看到，有些小朋友很受同伴的欢迎，但却没有一个知心的朋友。而有的儿童虽然不太受同龄人的青睐，但他们与另外某个人关系特别的亲密。从这里我们可以看出，同伴并不一定都是好朋友，而同伴关系也并不能等于友谊。

友谊是一种特殊类型的同伴关系，心理学家对友谊的定义主要有三个关键点：（1）友谊是两个个体之间的双向交往；（2）友谊关系是一种较为持久的稳定性关系；（3）友谊以信任为基础,以亲密的情感支持为特征。

儿童友谊的形成是一个渐进的过程。有人在托儿所里面观察发现,入托第二年的儿童就对他们的游戏伙伴显示出偏好。入托儿所第四年的儿童对游戏伙伴更加具有选择性,这时候的友谊也更为普遍;进入学校后,儿童的友谊关系发生了明显变化,主要表现在朋友的数量逐渐增多;在青少年期,朋友的数量略为减少,但朋友之间交往的深度却增加了。很多人伴随一生的友谊往往是在童年后期才开始出现的。

友谊在儿童的发展过程中发挥着怎样的作用?在同伴中很受欢迎,但是却没有亲密朋友的儿童,与那些有一个或者更多朋友的儿童有什么不同吗?友谊到底给儿童带来了什么?研究表明,友谊至少从三个方面影响着儿童的心理发展:

图9-4 友谊在儿童心理发展过程中具有重要的意义

(1)友谊提供情感支持。关于同伴关系的研究发现,那些在同龄人中不太受欢迎的儿童,如果能够拥有至少一个亲密的朋友,那就能够在很长一段时间内减少因同伴拒斥所带来的孤独感和伤害。儿童，尤其是青少年，没有亲密的友谊比没有喜欢他们的群体更容易体验到孤独感。这种孤独的体验与抑郁和被抛弃感相联系，使儿童找不到社会归属感，容易导致自尊心的下降。而友谊则可以在某种程度上消除这些负面的影响。此外，在儿童面临一些挑战或困难的时候，朋友往往会提供及时的情感支持，从而帮助他们应对挑战，缓解生活中的压力。总而言之，友谊是安全感和社会支持的重要源泉，并且随着儿童年龄的增长，它也变得越来越重要。

（2）友谊提供更多的交流交往机会。儿童与朋友交往和玩耍多，共同获得的乐趣也多，这有利于儿童的心理健康。有研究者要求两名儿童一起看幽默的卡通片，发现如果这两个参加实验的儿童彼此是朋友的话，将会获得更大的乐趣。他们会无所顾忌地微笑、大笑，并且有更多的交谈和互相注视。

（3）友谊有助于交往技能的提高。朋友之间的冲突往往是不可避免的，同时也是不被容忍的。相互要好的两个人如果出现冲突，他们会花更多的精力采取各种方式来化解冲突。他们会表现出更多的协商和妥协，并且在冲突过后他们会继续待在一起。在这个过程中，他们学习到了很多解决冲突的办法，这些经验无疑对儿童将来掌握更成熟的社会交往技能有着极大的促进作用。

总而言之，友谊在儿童心理发展的过程中具有重要的意义，而没有朋友则会导致许多不良的后果。

第三节 特殊的交往对象——电视

如果把时间向前推40年，普通的中国家庭里还没有现在称之为电视的家伙。但现在，对于大部分家庭来讲，电视几乎已经成为家庭的一名特殊的成员。美国的调查结果显示，3—11岁的儿童平均每天观看3—4小时的电视。到了18岁时，除了睡觉之外，儿童看电视的时间比从事其他任何单独活动的时间都要长。中国调查的结果显示，多数孩子每天在电视面前所花费的时间多达100分钟。从某种意义上讲，在儿童从小学读到高中毕业的12年内，他已经修完了多达数万小时的"电视教育"课，比一个本科大学生的实际课时还要多得多！

与书、报、杂志、广播等传统媒体相比，电视有很多特点。首先，电视节目画面和声音丰富多彩、生动逼真、极富魅力；其次，电视观看对观众的文化程度要求不高，任何年龄和知识水平的观众都能获得自己所需要的信息，因而电视尤其适合阅读能力较低的儿童；再者，电视一方面具有极强的信息功能和娱乐功能，另一方面它具有潜在的教育功能，电视的教育功能与书本的教育功能在表现方式上有所不同，如果说传统的书本像一个板着面孔的私塾先生，那么电视则像一位学识丰富而风趣幽默的好朋友。正是电视具有的这些特点，决定了它对儿童青少年产生了强烈的吸引力，是儿童接触最为频繁的媒体，在潜移默化中对儿童青少年的身心发展产生重要影响。

图9-5 长期观看电视会对儿童造成怎样的影响？

电视到底会对儿童身心发展的哪些方面产生影响呢？要想回答这个问题，一种方法就是考察有电视家庭的儿童与生活在偏远地区的没有电视家庭的儿童是否有差异。加拿大心理学家就曾经进行过这样一项研究。他们选择了生活在加拿大城镇有电视的孩子和生活在偏远城镇中没有电视看的同龄孩子作为研究对象，对他们的创造性和阅读能力进行了比较。研究的结果令人担忧：那些生活在没有电视的偏远城镇里的孩子在创造性和阅读能力上高于生活在城镇中有电视看的孩子。不仅如此，当那些偏远的城镇引进电视2—4年后，孩子的阅读能力和创造性开始下降，社会交往活动开始减少，而攻击行为则迅速增加。

电视对儿童的影响在很多情况下要远远大于对成人的影响。这是因为儿童的心理尚处于发展的阶段，在很多情况下，他们对电视中信息的理解不同于成人。研究发现，八九岁以前的孩子对节目内容的理解还是很有限的，他们往往被华丽的画面、快速的动作、吵闹的音乐和夸张的声音所吸引。一旦电视节目中出现的是成人之间安静的对话场面时，他们就会把注意力投向别处。而且，7岁以前的儿童还不能够充分理解电视节目的虚构性，他们常常认为故事人物在生活中是真实存在的。尽管8岁的孩子能够认识到电视节目是虚构的，但是他们仍将其看作是日常生活的真实再现。

正是由于年幼的儿童过于关注画面中的动作，对节目内容的理解能力有限，所以更多的时候他们会模仿电视中某些人物活灵活现的特定行为。如果这些行为是好的，那就有利于儿童建立好的行为，甚至使这种好的行为成为自己的习惯；但如果这些行为是不好的，那显然会对儿童的心理发展产生消极的影响。

1. 电视暴力的影响

"全美电视暴力研究"（1998）曾对美国电视节目中暴力内容的数量、性质和背景作过大规模的调查，调查的结论是，美国的电视节目中充斥着暴力！在 6:00—23:00 这一时间段内所播放的电视节目中有 57% 含有暴力镜头。常见的暴力形式是对某一受害者的反复攻击行为，并且通常凶手都不会受到任何惩罚。在儿童电视节目中有 2/3 的电视暴力镜头是通过幽默的方式表现的。儿童电视节目中的暴力内容平均超过 39%，而大多数的电视暴力镜头出现在卡通片中。

电视中充斥的暴力镜头究竟会对儿童身心的哪些方面产生影响呢？

首先，电视暴力有可能助长了儿童的攻击行为，这种影响不仅仅有短期的，也有长期的。一项长期的大范围追踪调查研究发现，那些在婴幼儿时期就大量观看暴力电视节目的男孩在 19 岁的时候更有可能被同伴认为是高攻击性的，在 30 岁时更有可能因为严重的罪行而被起诉。而在澳大利亚、加拿大、芬兰、英国、爱尔兰、波兰等国家的研究结果也表明，观看暴力电视节目与现实中的攻击行为存在显著的关联。这种关联是相互的：一方面，观看暴力电视节目助长了儿童的攻击倾向，另一方面，这种攻击的倾向又刺激了儿童对电视暴力的兴趣，从而反过来又进一步增加了攻击行为出现的频率。

其次，电视暴力有可能会影响儿童对社会的态度。电视里所充斥的暴力情节大部分并没有对受害者的痛苦进行深刻的描述，也没有对暴力行为进行任何的谴责，这似乎向外表达这样的一个信念：暴力是解决问题的唯一手段！经常观看这样的电视节目，一方面会让孩子觉得世界是残酷的，充满着暴力。另外一方面,他们开始认为暴力行为是解决问题的一种可取的手段。

最后,电视暴力容易引起儿童恐惧的情绪反应。尤其是对于年龄较小的儿童来讲,反应可能会更加的强烈。美国学者施拉姆为期3年的研究(1961)表明,儿童在三种情形下会有恐惧反应:(1)儿童熟悉的并已对之产生感情的主角遭到暴力侵害;(2)能提醒儿童恐怖经历的电视或电影中的情境,如黑暗和孤独、雷雨的夜晚、神秘的影子等;(3)儿童幼小,难以区分电视情境和现实情境,以为电视或电影里的事情是真实的。过多的恐惧反应可能造成儿童的心理障碍,甚至可能导致儿童的意外伤害。

2. 电视商业信息的影响

调查发现,一般儿童每年看将近两万个电视购物广告。这些广告所宣传的商品中,有很多是成人不愿意购买的玩具、快餐、甜点等。年幼的儿童往往渴求得到他们在电视上看到的商品,当父母拒绝的时候,冲突便不可避免的产生了。在大部分情况下,儿童还不是成熟的、独立的消费者,他们很难意识到广告真正的促销意图,很难客观地辨别自己的实际需要和考虑家庭的财务状况,他们太容易受广告的影响。在传媒的误导下,他们只是想通过消费满足自己的愿望,提高自己在同伴中的地位、威信。例如,国外有研究发现,糖果广告有80%是针对儿童的,父母往往会屈服于孩子的要求而为他们购买这些零食,而这些小观众也会根据广告而坚信这些食品是健康的。

除此之外,电视广告中存在一些消极不良的儿童形象,这些形象很有可能成为儿童模仿的对象。研究发现,我国电视节目中存在的不良儿童形象包括:(1)嫉妒。儿童有好东西不知道分给家人和朋友,只知道独占。如广告中的孩子紧紧抱着自己喜欢的食品或物品，生怕别人来分享。（2）霸道。如广告中孩子扮演小皇帝。（3）任性。如广告中孩子为了向家长索要食品，坐在地上耍赖、哭闹、来回蹁腿。（4）贪吃、贪财。广告总喜欢将儿童表现为贪吃贪喝贪财的形象。（5）逃避现实。当孩子在生活中遇到挫折时，有的广告利用食品、饮料等引诱孩子们逃避现实：你吃下这个，或喝下那个，你就没有烦恼了。（6）成人化。有的儿童广告将儿童做成人化描述。

针对上述的研究结果，美国国家改进电视基金会的结论是：电视广告对儿童潜在的负面影响甚至超过了暴力节目！

纵观国内外的相关研究，我们的结论是，电视就像一把双刃剑，既能促进儿童健康发展，也能妨害儿童身心发展并导致各种"电视病"，关键在于儿童收看什么样的电视节目和如何收看电视节目。一方面，好的电视节目能够出色的胜任寓教于乐的教育功能，让儿童在笑声中学习知识和增长智慧。这其中最成功的范例当属美国电视制作中心（CTW）制作的《芝麻街》、《电子公司》等节目，这些节目不仅能吸引儿童，而且能使儿童的阅读力、想象力、创造力等认知能力得到发展，还能促进儿童形成良好的个性，因而深受各国儿童的喜爱。另一方面，不健康的电视节目却能导致儿童产生各种心理和行为问题，并有可能诱使儿童犯罪。从看电视的时间来看，长时间的收看电视，并为此牺牲了学习和其他活动时间，对儿童的发展不利；而适当地收看电视，既可以作为一种娱乐手段来缓解学习的压力，又可以在欢乐中获得许多信息和知识，从而促进儿童的发展。

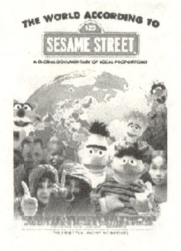

图9-6 《芝麻街》被誉为成功儿童节目的典范

拳王争霸赛的公开暴力

当泰森愤怒地咬下霍利菲尔德的耳朵,赛场里的、电视机前的所有观众,无不为之哗然。这一攻击行为激起了不少年轻人心中蠢蠢欲动的暴力冲动。据报道,那次比赛之后,很多人在与他人的争吵或打斗中都学泰森那样,狂怒地咬伤了对方的耳朵。

图9-7 1997年,泰森在一次拳击比赛中咬下了对手的耳朵

曾有一项研究调查了凶杀率和拳王争霸赛中公开暴力的关系：在连续看了10场重量级拳王争霸赛之后，所有人都承认自己在不同程度上模仿了攻击行为。赛前诸如"我要砸碎你的脑袋"这样的言语攻击，以及赛后气氛的渲染，提供了大量的攻击性暗示。研究者在1973年至1978年的18次重量级拳王争霸赛之后，比较预期的凶杀率与实际凶杀率。结果发现，从比赛后的第三天开始，凶杀案的数量以平均12.46%的比率上升。凶杀率最高的增长发生在宣传力度最大、收视范围最广的比赛之后，即著名的阿里和弗雷泽之战，比赛结束后迅速增加了不下26起的凶杀案。

参考书目

1. 刘金花主编：《儿童发展心理学》，华东师范大学出版社 1997 年版。
2. 方富熹、方格著：《儿童发展心理学》，人民教育出版社 2004 年版。
3. 叶奕乾、孔克勤著：《个性心理学》，华东师范大学出版社 1993 年版。
4. 王振宇主编：《学前儿童发展心理学》，人民教育出版社 2004 年版。
5. 崔丽娟等著：《心理学是什么》，北京大学出版社 2002 年版。
6. 桑标主编：《当代儿童发展心理学》，上海教育出版社 2003 年版。
7. 张春兴著：《现代心理学》，上海人民出版社 1994 年版。
8. 李晓文等著：《现代心理学》，华东师范大学出版社 2003 年版。
9. 孟昭兰主编：《情绪心理学》，北京大学出版社 2005 年版。
10. 张文新著：《儿童社会性发展》，北京师范大学出版社 1999 年版。

11. 王振宇编著：《儿童心理发展理论》，华东师范大学出版社 2000 年版。

12. 埃里克森著，孙名之译：《同一性：青少年与危机》，浙江教育出版社 1998 年版。

13. 华生著，李维译：《行为主义》，浙江教育出版社 1998 年版。

14. 董奇，陶沙著：《脑与行为》，北京师范大学出版社 2000 年版。

15. 左任侠，李其维主编：《皮亚杰发生认识论文选》，华东师范大学出版社 1991 年版。

16. 墨顿·亨特著，李斯译：《心理学的故事》，海南出版社 1999 年版。

17. 珀文著，周榕等译：《人格科学》，华东师范大学出版社 2001 年版。

18. 墨森等著，缪小春等译：《儿童发展与个性》，上海教育出版社 1990 年版。

19. 孟昭兰著：《婴儿心理学》，北京大学出版社 1997 年版。

20. 陈英和著：《认知发展心理学》，浙江人民出版社 1996 年版。

21. 林崇德著：《发展心理学》，人民教育出版社 1995 年版。

22. 申继亮等著：《当代儿童青少年心理学的进展》，浙江教育出版社 1999 年版。

23. 李明宇著：《儿童语言的发展》，华中师范大学出版社 1995 年版。

24. 弗拉维尔等著，邓赐平等译：《认知发展》，华东师范大学出版社 2002 年版。

25. 斯滕伯格著，俞晓琳等译：《超越 IQ——人类智力的三元理论》，华东师范大学出版社 1999 年版。

26. 朱智贤，林崇德著：《思维发展心理学》，北京师范大学出版社 1986 年版。

27. 李其维著：《破解指挥胚胎学之谜——皮亚杰的发生认识论》，

湖北教育出版社 1999 年版。

28. 朱智贤著：《儿童心理学》，人民教育出版社 2003 年版。
29. 陈帼眉编：《学前心理学》，人民教育出版社 1989 年版。
30. 丁祖荫主编：《幼儿心理学》，人民教育出版社 1986 年版。
31. 李丹主编：《儿童发展心理学》，华东师范大学出版社 1987 年版。
32. 王振宇编著：《儿童心理学》，江苏教育出版社 2000 年版。
33. 杨丽珠主编：《幼儿个性发展与教育》，世界图书出版公司 1993 年版。
34. 朱曼殊主编：《心理语言学》，华东师范大学出版社 1990 年版。
35. L.E.贝克著，吴颖等译：《儿童发展》，江苏教育出版社 2002 年版。
36. 理查德·格里格等著，王垒等译：《心理学与生活》，北京大学出版社 2005 年版。
37. 朱莉娅·贝里曼等著，陈萍等译：《发展心理学与你》，北京大学出版社 2000 年版。
38. David R.Shaffer 著，邹泓等译：《发展心理学——儿童与青少年》，中国轻工业出版社 2004 年版。
39. Jerry M.Burger 著，陈会昌等译：《人格心理学》，中国轻工业出版社 2004 年版。
40. Damon,W.(1998). *Handbook of child development,* New York: Wiley.
41. Bukatko,D.,Daehler,M.W.(1992). *Child Development: A topical approach.* Boston: Hougton Mifflin Company.
42. Gleason,J.B.(2001). *The development of language.* MA:Allyn&Bacon.
43. Izard,C.E. (1982). *Measuring Emotions in Infants and Children.* New York: Cambridge University Press.
44. Lazarus,R.S.(1991). *Emotion and Adaptation.* Oxford: Oxford University Press.
45. Messer,D.,&Miller,S.(1999). *Exploring developmental psychology: From*

infancy to adolescence. London: Arnold.
46. Newcombe, N.(1996). *Child Development: Change over time.* New York: Harper Collins Publishers.
47. Santrock, J.W.(1996). *Child Development,* Brown & Benchmark Publishers.
48. Vasta, R.,Haith,M., & Miller, S.A.(1999). *Child Psychology: The Modern Science.* New York: John Wiley & Sons, Inc.